塔式起重机现场安全管控
要点及典型案例

广州市建设工程安全监督站
广东省建筑机械租赁行业协会　组织编写

麦学强　周朝波　毛卓奇　刘　萍　主编

中国建筑工业出版社

图书在版编目（CIP）数据

塔式起重机现场安全管控要点及典型案例/广州市
建设工程安全监督站，广东省建筑机械租赁行业协会组织
编写；麦学强等主编 . —北京：中国建筑工业出版社，
2024.5
ISBN 978-7-112-29786-3

Ⅰ.①塔… Ⅱ.①广… ②广… ③麦… Ⅲ.①塔式起
重机—安全培训—教材 Ⅳ.① TH213.308

中国国家版本馆 CIP 数据核字（2024）第 082976 号

本书从塔式起重机事故的高发原因出发，即从管理因素、设备因素、环境因素、人为
因素四个方面进行全面分析，以塔式起重机安拆流程及技术要点、常见问题及隐患、事故
案例分析和各责任主体的安全管控要点四个重点，对塔式起重机安全进行全面讲解、分析。
本书是指导塔式起重机安装、拆卸的技术指导书，是开展安全教育培训的鲜活教材，是对
事故案例分析深刻汲取事故教训的警示书，是一线管理人员和操作工人现场安全技术要点
操作、管控的指导书。

责任编辑：周娟华
责任校对：李美娜

塔式起重机现场安全管控要点及典型案例
广州市建设工程安全监督站
广东省建筑机械租赁行业协会　组织编写
麦学强　周朝波　毛卓奇　刘　萍　主编
*
中国建筑工业出版社出版、发行（北京海淀三里河路9号）
各地新华书店、建筑书店经销
北京海视强森文化传媒有限公司制版
建工社（河北）印刷有限公司印刷
*
开本：787毫米×1092毫米　1/16　印张：$13\frac{1}{4}$　字数：243千字
2024年6月第一版　2024年6月第一次印刷
定价：**88.00**元
ISBN 978-7-112-29786-3
（42837）

编审委员会

顾　　问：李朝晖　曾　峥　李特威　汤　泂　肖　鸣　肖鸿韬　唐开永

主　　任：张　勇　唐洪亮

副 主 任：麦学强　陈　勋　王　湛　刘　萍

主　　编：麦学强　周朝波　毛卓奇　刘　萍

副 主 编：雷晶涛　宁顺建　张献龙　李广文　刘　昊　刘树荣　钱建军

参编人员（排名不分先后）：

　　　　　　邓建林　毛建雄　甘达云　龙进辉　张亚非　陈从锦　朱　超　王章浩

　　　　　　文建军　杨海波　纵兆元　吴　斌　何克宏　李　勇　欧　渝　姜　渭

　　　　　　翁振粤　唐经纬　唐建明　衷诚宝　袁　波　徐　龙　郭子阳　康　鑫

　　　　　　黄志辉　程建棠　滕　敏　许　杨　于春雷　徐　东　陈　亮　朱文强

顾问单位：广东省住房和城乡建设厅

　　　　　广州市住房和城乡建设局

主编单位：广州市建设工程安全监督站

　　　　　广东省建筑机械租赁行业协会

参编单位：广东亮剑工程装备服务有限公司　　　　东莞市毅新庆江机械制造有限公司

　　　　　广东标朗建筑设备租赁有限公司　　　　中联重科建筑起重机械有限责任公司

　　　　　广州兴达工程起重机械安装有限公司　　广东麟越工程技术有限公司

　　　　　广东神丰工程机械有限公司　　　　　　广东庞源工程机械有限公司

　　　　　中建二局深圳南方建设投资有限公司　　广东达丰机械工程有限公司

　　　　　广州精伟机电安装有限公司　　　　　　广州山屹机械有限公司

　　　　　韶关市宝铁建设科技有限公司　　　　　山西省晋塔起重设备安装工程有限公司

　　　　　广东清实检验技术有限公司　　　　　　广东振炜建筑机械有限公司

　　　　　深圳市东利鑫机电安装有限公司　　　　广州骏晨建筑机械有限公司

　　　　　江西中天智能装备股份有限公司

序

习近平总书记指出："坚持统筹发展和安全，坚持发展和安全并重，实现高质量发展和高水平安全的良性互动。"他强调："要健全风险防范化解机制，坚持从源头上防范化解重大安全风险，真正把问题解决在萌芽之时、成灾之前。"今年是"大干十二年、再造新广州"的开局之年，我们要深入学习贯彻习近平总书记重要讲话、重要指示精神，锚定"排头兵、领头羊、火车头"标高追求，为粤港澳大湾区建设和广州高质量发展营造良好的安全环境。

近年来，广州市深入践行人民城市理念，打造宜居韧性智慧城市，建设宜居宜业和美乡村，城乡建设发展步伐不断加快，各类工程建设规模日益扩大，由此带来的安全风险也在不断积聚。全力筑牢工程建设领域安全生产底线，要特别紧盯特种设备等重点对象。如何有效加强对塔式起重机等特种设备的安全管理，防范化解此类风险，各级建设行政主管部门、安全监督机构、行业从业人员一直在积极探索。

在各方努力下，本书汇聚了众多行业专家和一线工程师的实践经验和智慧并得以成稿。全书图文并茂地介绍了塔式起重机在工程建设施工现场安装、使用、管理的安全技术要点，列举了部分典型安全隐患和事故案例，从正反两个方面进行引导和警示，是开展从业人员培训和警示教育的重要参考资料。希望本书能起到抛砖引玉的作用，引发同志们的共鸣和深入思考，继续深入探索加强安全生产管理、预防安全事故的新思路、新方法、新举措，共同推动广州市建设工程安全管理水平再上新台阶，以高水平安全保障广州高质量发展。

广州市住房和城乡建设局局长　王宏伟

前　言

随着我国经济建设的高速发展，基本建设规模不断扩大，高层建筑不断增多，塔式起重机的应用也越来越广泛，已成为建筑施工中不可缺少的主要施工机械。与此同时，塔式起重机造成的安全事故也一直居高不下，尤其是安装、拆卸、附着顶升等关键作业环节，事故占比较高，且一般是较大以上事故。

究其原因，主要是安装单位作业人员违章冒险作业，建设、施工、监理单位现场安全管控不到位。而更深层次的原因，在于塔式起重机属特种设备，专业性较强，适用于专门的《中华人民共和国特种设备安全法》，在安全管理方面有其特殊要求，但部分安装作业人员安全意识淡薄，项目各参建单位现场管理人员对塔式起重机安全管理技术要点和工作要求不了解、不掌握，难以有效管控塔式起重机安全。为进一步增强安装作业人员安全意识，规范关键环节作业，提高参建单位安全管理人员塔式起重机安全管理业务水平和履职能力，特编制本书。

本书分为塔式起重机安装作业安全管理、使用过程安全管理、人员安全管理和作业环境安全管理四个部分，从安装流程、技术要点、常见隐患和事故案例四个方面进行详解，目的在于普及各环节工作流程和技术要点，梳理分析常见隐患和事故案例中各类违章冒险作业问题，以案教学，以案促学。

本书可供建设行政主管部门及安全监督机构人员，项目建设、施工、监理等参建各方安全管理人员，塔式起重机租赁、安装单位人员研习，也可作为塔式起重机全生命周期安全管理的作业指导书和培训教材。

希望能让读者通过研习本书，熟悉掌握塔式起重机安全管理的要点，提高安全管理水平和能力，同时，从本书中的隐患和事故案例中吸取经验教训，增加安全风险意识，减少甚至杜绝违章作业，切实防范塔式起重机安全事故。

由于编写时间紧促，加之编者水平有限，难免有错误和不当之处，恳请读者朋友们给予批评和指正，意见和建议可发送至邮箱 170428059@qq.com。

目　录

第一篇

安装作业安全管理

Tower crane

　　塔式起重机（以下简称塔机）在建筑工程中应用广泛，常用于高层建筑施工中的垂直运输。塔机的类型和品种非常多，结构形式也多种多样，本篇以常见的塔头式塔机为主，介绍塔机在安装、拆卸、附着顶升作业过程中的流程、技术要点和施工现场常见问题及隐患，只有严格按照专项施工方案和操作规程执行，方可有效避免因违章操作、野蛮施工而导致的安全事故。

第一章　基础施工

　　塔机基础作为塔机安装的重要组成部分，能够提供稳定的基础支撑和固定作用，确保塔机在施工中能够安全运行和工作。塔机基础定位和塔机基础制作是影响塔机整体安全的重要因素之一。基础的设计定位应充分考虑安装、拆卸的方便和附着加固的要求。基础的制作必须通过施工单位、监理单位、安装（租赁）单位、生产厂家等共同努力协作，加强塔机基础施工的安全管理，杜绝安全隐患，才能够有效地预防和减少塔机安装、使用、拆卸过程中各种事故的发生。

　　以下是施工现场常见的五种塔机基础（混凝土板式基础、混凝土桩基础、压重式基础、钢结构基础、高承台基础）的施工流程及技术要点。

一、施工流程及技术要点

（一）基础施工流程

1. 混凝土板式基础

　　混凝土板式基础施工流程：基础放线定位→基础土方开挖→地基检测→垫层施工→基础放线→基础模板安装（砖胎模砌筑）→防水施工（如有）→基础钢筋绑扎安装→塔机基础预埋件安装及防雷接地体埋置→预埋件水平度调校→止水钢板安装→支设快易收口网→基础混凝土浇筑（试块留置）→养护。

2. 混凝土桩基础

　　混凝土桩基础施工流程：桩位放线定位→工程桩 / 塔基桩施工→桩检测→基础放线定位→基础土方开挖→垫层施工→基础放线→基础模板安装（砖胎模砌筑）→防水施工（如有）→基础钢筋绑扎安装→塔机基础预埋件安装及防雷接地体埋置→预埋件水平度调校→止水钢板安装→支设快易收口网→基础混凝土浇筑（试块留置）→养护。

3. 压重式基础

压重式基础施工流程：塔机基础放线定位→基础土方开挖→地基检测→垫层施工→基础放线→基础模板安装（砖胎模砌筑）→防水施工（如有）→基础钢筋绑扎安装→塔机基础预埋件安装及防雷接地体埋置→预埋件水平度调校→止水钢板安装→支设快易收口网→基础混凝土浇筑（试块留置）→养护→安装基础底架→安装基础压重。

4. 钢结构基础

钢结构基础施工流程：生产钢结构基础构件→安装钢结构预埋件→安装钢结构基础→安装塔机基础支腿→焊缝质量检测。

5. 高承台基础

高承台基础施工流程：钻孔灌注桩及格构柱施工→上承台土方开挖→上承台施工→上承台下部及格构柱部位土方开挖→安装格构柱之间的连接构件→建筑结构基础承台及筏板施工，高承台基础如图 1-1-1 所示。

（二）技术要点

塔机基础定位设计十分重要，不仅要满足其作业时的要求，还应保障塔机的安装、附着、拆卸条件以及与周边建（构）筑物的安全距离。

图 1-1-1　高承台基础

1. 混凝土承台

（1）承台制作应与使用说明书或与基础专项施工方案相符，采用桩基础的须核对基桩类型。

（2）承台表面应无裂缝，预埋件应无松动。

（3）如有承台与地下室底板相连的情况，应经设计单位书面确认。

（4）因现场条件限制，承台尺寸无法满足使用说明书要求时，必须按承台实际尺寸设计计算，满足塔机安全使用要求。

（5）安装塔机时，承台混凝土强度应达到设计强度的 80% 以上；塔机运行使用时，承台混凝土强度应达到设计强度的 100%。

2. 钢结构承台

（1）承台基础应编制专项施工方案并经专家论证通过，构造应与基础专项施工方案一致。

（2）承台与塔身连接孔应机加工成孔，不得采用气割成孔。

（3）优化钢结构承台与格构柱的焊缝设计，现场施焊应尽量避免仰焊。

（4）连接螺栓应采用双螺母防松，定期对连接螺栓进行预紧。

（5）焊缝质量须符合施工方案要求。

3. 格构柱

（1）格构柱基础应编制专项方案并经专家论证通过。

（2）逐层挖土过程中，按方案及时设置围撑（外侧斜杆、水平杆）和水平剪刀撑，发现异常应及时采取安全措施。

（3）格构柱旁应均匀挖土，不宜有堆载、重型车辆行驶通道和其他基础施工作业。

（4）格构柱与基坑围护结构之间应留有相应安全距离。

（5）格构柱伸入灌注桩的长度应满足设计要求。

4. 预埋件

（1）产品合格证应齐全，规格和材质应与塔机制造商提供的技术文件相符。

（2）预埋件应一次性使用，不得重复利用。

（3）预埋件的埋深、外露长度、垂直度、水平度、定位尺寸等符合说明书要求。

（4）经调质处理的预埋螺栓，严禁与钢筋及其他结构焊接。

（5）螺栓、螺母、垫片应配套使用。

（6）基础浇筑中，应严格保证上述第（3）条之要求；浇筑完成后加强对预埋件外露部分的保护。

5. 基础防护

（1）混凝土基础周围应修筑边坡和排水设施。

（2）基础部位不允许堆放垃圾杂物，方便检查底部基础节连接情况；检查人员应能方便到达基础承台位置，位于地下室的基础环境应有照明设施。

（3）基础承台安全防护设施设置应符合安全要求。

6. 基础验收

（1）塔机安装前施工单位应组织监理、安装单位进行基础验收。

（2）基础验收应当留存地基和桩检测报告、隐蔽工程验收记录、基础混凝土强度检测报告、基础水平度测量记录等资料。

（3）基础预埋件的埋深、外露长度、垂直度、水平度、定位尺寸等以及基础外形尺寸应符合专项施工方案要求。

（4）混凝土强度等级符合塔机说明书要求。

二、施工现场常见问题及隐患

（1）基础位置选择不合理，后期施工中基础承台周围土体被挖空，如图1-1-2所示。

图 1-1-2　基础位置选择不合理

（2）板式基础地基承载力不足且自行加固，未经设计验算，如图1-1-3所示。

图 1-1-3　板式基础地基承载力不足且自行加固

（3）基础积水，如图 1-1-4 所示。

图 1-1-4　基础积水

（4）基础承台周围水土流失，如图 1-1-5 所示。

图 1-1-5　基础承台周围水土流失

（5）基础承台四周裸露、悬空，如图 1-1-6 所示。

图 1-1-6　基础承台四周裸露、悬空

（6）基础定位不合理，无法正常降节拆卸，如图 1-1-7 所示。

图 1-1-7　基础定位不合理，无法
正常降节拆卸

（a）　　　　　　　　　　　　　　（b）

三、事故案例分析

案例一　塔机定位不合理导致基础承台周围施工挖空

1. 事故经过及原因分析

2020 年，某项目工地一台塔机安装时，基础定位不合理，在使用过程中基础周围被挖空，导致塔机倾斜，现场紧急停工，隐患现场如图 1-1-8 所示。经分析，现场塔机定位时，未考虑基坑施工流程，将塔机定位在基坑边缘，在基坑施工过程中塔机周围土体被挖空，导致塔机周围无覆土，塔机水平荷载无法传递给周围土体，需要依靠桩承受水平荷载，而桩设计只能承受竖向荷载，水平荷载会导致桩身破坏，故存在较大安全隐患。

图 1-1-8　隐患现场

2. 现场防范措施及建议

（1）设计合理的塔机基础定位。

（2）塔机承台施工完成后，如有特殊情况须重新开挖，须经设计验算并采取加固措施。

（3）如塔机基础定位在基坑支护结构上，须经支护设计单位确认。

案例二　基础周边水土流失导致塔机垂直度偏差超标

1. 事故经过及原因分析

2018年，某项目工地一台塔机安装在基坑边坡上，在使用时，由于基础旁边基坑放坡幅度过陡，且未做支护，导致基础土体水土流失严重，基础一侧下沉，最终导致塔机垂直度偏差超标，现场紧急停工。经分析，该工程安装时未考虑塔机基础周围地下水情况，将塔机定位在边坡，且未做相应的支护结构，所以在基坑施工过程中塔机基础下方水土流失严重，导致塔机倾斜。

2. 现场防范措施及建议

（1）塔机基础避免设置在基坑支护结构上。

（2）基坑支护应严格按照专项施工方案施工。

案例三　基础承台混凝土未达到强度导致承台开裂

1. 事故经过及原因分析

2020年，某项目由于承台混凝土强度还未达到规范要求时，就提前安装并使用塔机，最终导致塔机使用过程中对基础承台混凝土产生挤压，导致混凝土出现裂纹。

2. 现场防范措施及建议

（1）基础验收不合格，则严禁安装塔机。

（2）塔机基础混凝土强度达到设计强度的80%以后，方可安装塔机。

案例四　钢结构基础连接失效导致塔机倒塌

1. 事故经过及原因分析

2022 年，某项目住宅建筑工地发生塔机倒塌事故，造成 3 人死亡、6 人受伤。该事故因钢结构基础底座失稳造成，事故现场如图 1-1-9 所示。经分析，固定钢梁螺栓安装数量不足及焊缝高度、焊缝长度不足，钢基础主梁与次梁连接节点强度不足，最终螺栓断裂和焊缝开裂，导致塔机基础失稳，整机倒塌。

图 1-1-9　事故现场

2. 现场防范措施及建议

（1）钢结构基础应按说明书提供的基础受力要求进行严格的设计计算。专项施工方案经专家论证通过后实施。

（2）设计方案上注明螺栓数量、强度等级、规格尺寸，以及焊接焊缝高度、焊缝长度、焊缝等级等技术要求，焊接完毕后进行探伤检测。

（3）钢结构基础施工完成后严格按专项施工方案进行验收。

第二章　基础节安装

塔机基础节的设计和施工需要严格按照相关规范和要求进行，以保证塔机的安全运行和施工质量。基础节安装需要满足强度和稳定性、精度和平整度、耐久性和防腐蚀性、施工便利性等要求。

一、安装流程及技术要点

（一）安装流程

基础节安装流程：基础预埋件安装基准面水平度复测→基础节结构件检查→基础节踏步的方向确定→基础节吊装→基础节紧固→垂直度测量。

（二）技术要点

（1）基础检查：检查基础节安装前安装单位应复测基础预埋件四个角的水平度及偏差有无变化，是否在允许范围内；检查基础的可靠性（如回填是否密实、周边有无超挖、基础有无裂纹、排水是否顺畅等）是否符合方案及规范要求。

（2）基础节检查：检查基础节结构有无锈蚀、变形、焊缝开裂。

（3）基础节连接：基础节连接时应注意基础节踏步的方向以便塔机安装、拆卸作业；基础节连接的高强度螺栓应使用力矩扳手或专用工具紧固，螺栓连接时应安装垫片及双螺母；销轴连接时应安装防脱销；做好防雷接地连接，接地电阻不大于 4Ω（重复接地不大于 10Ω）。

（4）安装后测量，基础节安装后应检查垂直度是否符合要求。

二、安装现场常见问题及隐患

（1）预埋地脚螺栓倾斜，如图 1-2-1 所示。

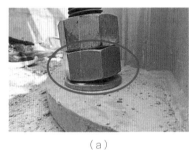

图 1-2-1　预埋地脚螺栓倾斜

（a）　　　　　　　　　　（b）

（2）预埋地脚螺栓未紧固到位，如图 1-2-2 所示。

图 1-2-2　预埋地脚螺栓未紧固到位

（3）支腿私自焊接加固，如图 1-2-3 所示。

图 1-2-3　支腿私自焊接加固

（4）防雷接地方式不符合规范要求，如图 1-2-4 所示。

图 1-2-4　防雷接地方式不符合规范要求

（5）基础、基础节被掩埋，如图 1-2-5 所示。

图 1-2-5　基础、基础节被掩埋

（6）基础支腿预埋深度过大，无法直接安装基础节，如图 1-2-6 所示。

图 1-2-6　基础支腿预埋深度
过大，无法直接安装基础节

（a）　　　　　　　　　　　　　　（b）

（7）基础节垫平不规范，如图 1-2-7 所示。

图 1-2-7　基础节垫平不规范

三、事故案例分析

案例一　违章调整垂直度导致塔机倒塌

1. 事故经过及原因分析

2020 年，某在建项目工地塔机安装调整垂直度时，拆掉了塔机四个支腿中两个支撑腿的全部螺栓，当塔机吊钩上吊着 2 个标准节，起重臂小车行走至起重臂端部时，造成基础连接处力矩增大，塔机整体失稳倒塌，事故现场如图 1-2-8 所示。此事故造成 2 人死亡、3 人受伤。经分析，事故直接原因是在调整塔机垂直度过程中存在违规操作，拆掉了塔机四个支腿中两个支腿的全部螺栓，导致塔机整体失稳；间接原因是安装前未按规范对塔机基础水平度调平处理及验收。

（a）

（b）

图 1-2-8　事故现场

2. 现场防范措施及建议

（1）塔机安装前项目部应组织监理、安装单位进行基础验收，验收不合格不得安装塔机。

（2）安装前对塔机基础预埋件基准面水平度进行复测并符合要求。

（3）加强安装人员的安全和专业技术培训。

案例二　基础节连接销轴部分缺失导致塔机倒塌

1. 事故经过及原因分析

2022 年，某在建项目安装平衡臂时，发生塔机倒塌事故，造成 2 人死亡、2 人受伤。经分析，该塔机因基础水平度偏差过大，导致在安装基础节销轴时有部分销轴安装困难，未能及时进行安装。安装工人在存在明显重大安全隐患情况下仍继续作业，导致在安装平衡臂时塔身失衡造成塔机倒塌。事故原因是安装人员未按规范流程安装全部基础节固定销轴，安装单位现场检查时未及时发现隐患，未制止后续作业。

2. 现场防范措施及建议

（1）安装前一定要复测基础预埋件四个角的水平度，确保在偏差允许范围内，再组织安装施工。

（2）平衡臂安装前，一定要监督检查基础节、各标准节及回转下支座与标准节的连接是否可靠有效，确保塔身直立部分各连接部位处于稳定状态后，方可进入下一道工序。

案例三　基础预埋螺栓螺母不匹配导致塔机倒塌

1. 事故经过及原因分析

2020 年，某项目工地一台塔机在安装过程中发生倒塌事故，造成 1 人死亡、1 人受伤。经分析，现场安装工人在安装塔机基础节时，使用的螺母与基础预埋螺栓不匹配且未按要求数量安装螺母，使得塔机基础节与基础预埋螺栓无法有效紧固。当操作工在调整塔机角度时，预埋螺栓受力改变且不均衡，部分螺牙开始发生塑性变形，因螺栓与螺母间的螺牙接触面小，固定螺母紧固力严重不足而被拉脱，塔机基础节与螺栓脱离，导致塔机整体倒塌，事故现场如图 1-2-9 所示。

图 1-2-9　事故现场

2. 现场防范措施及建议

（1）螺栓、螺母、垫片应配套使用。

（2）基础节未有效连接，全部螺栓未紧固到位时，禁止进入下一道工序。

特别提醒：基础节未有效连接时，禁止安装平衡臂、平衡重和起重臂。在安装平衡臂等上部部件时会产生极大的倾覆弯矩，如果基础节及直立部分未有效连接，达不到塔机设计时的强度和稳定性，极易造成塔机倒塌等重大事故。

第三章　标准节（加强节）安装

标准节是塔机的重要组成部分，通过标准节（加强节）组装在一起构成塔机的"躯干"，也称"塔身"，起到支承上部工作部件的作用，主要承受上部工作部件传来的轴向压力、水平力、弯矩和扭矩。塔机标准节分为整体式标准节和片式标准节（拼装式标准节），目前标准节连接广泛采用螺栓连接式和销轴连接式两种。

一、安装流程及技术要点

（一）安装流程

1. 螺栓连接式标准节

螺栓连接式标准节安装流程：标准节检查→标准节起吊→顶升方向确定→标准节就位→安装螺栓并紧固→检查垂直度。

2. 销轴连接式标准节

销轴连接式标准节安装流程：标准节检查→标准节起吊→顶升方向确定→标准节就位→安装销轴→检查垂直度。

（二）技术要点

1. 标准节检查

（1）标准节必须是原厂同型号且在合理使用年限内；

（2）标准节结构应无严重锈蚀变形、无焊缝开裂，销孔应无变形、无严重锈蚀，连接件的轴、孔应无严重磨损。

2. 螺栓连接要求

标准节采用螺栓连接安装时，其连接方式和螺栓预紧力矩应符合说明书要求。

3. 销轴连接要求

（1）销轴安装前应先清理销轴孔，并对销轴、销轴孔进行润滑处理；

（2）销轴应由外向内穿入，穿入时应调整好销孔的方向；

（3）标准节销轴的销孔应垂直，确保两条销轴的销孔在同一垂直线上；

（4）榫头式标准节销轴的销孔应和防脱装置的孔一致。销轴打入后轴肩端面与连接板应紧密贴合，不应有缝隙。整根插销应能全部自由穿入，严禁强力插入，并按规范穿好开口销。

4. 垂直度要求

空载、风速不大于 3m/s 的状态下，独立状态塔身（或附着状态下最高附着点以上塔身）轴心线的侧向垂直度偏差不大于 4/1000，最高附着点以下塔身轴心线的垂直度偏差不大于 2/1000。

二、安装现场常见问题及隐患

（1）标准节螺栓连接套锈蚀严重，如图 1-3-1 所示。

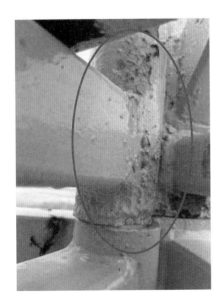

图 1-3-1　标准节螺栓连接套锈蚀严重

（2）标准节螺栓连接套私自焊接加固，如图 1-3-2 所示。

图 1-3-2　标准节螺栓连接套私自焊接加固

（3）标准节腹杆锈蚀，如图 1-3-3 所示。

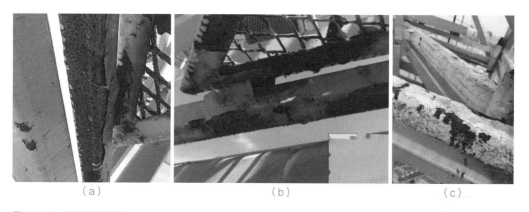

（a）　　　　　　　　　　　（b）　　　　　　　　　　　（c）

图 1-3-3　标准节腹杆锈蚀

（4）标准节斜腹杆变形，如图 1-3-4 所示。

图 1-3-4　标准节斜腹杆变形

（5）标准节水平腹杆变形，如图 1-3-5 所示。

（a）　　　　　　　　　　　　　　　　　（b）

图 1-3-5　标准节水平腹杆变形

（6）标准节主弦杆有裂纹，如图 1-3-6 所示。

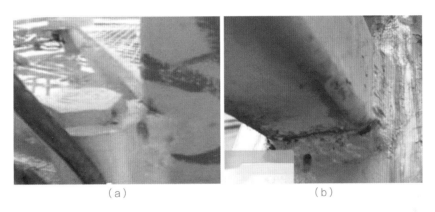

（a）　　　　　　　　　　　　　　　　　（b）

图 1-3-6　标准节主弦杆有裂纹

（7）标准节主弦杆锈蚀，如图 1-3-7 所示。

图 1-3-7　标准节主弦杆锈蚀

（8）标准节斜腹杆私自焊接加固，如图 1-3-8 所示。

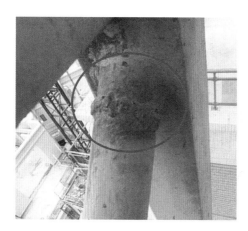

图 1-3-8　标准节斜腹杆私自焊接加固

（9）标准节爬梯变形，如图 1-3-9 所示。

图 1-3-9　标准节爬梯变形

（10）标准节爬梯固定不规范，采用钢筋代替，如图 1-3-10 所示。

图 1-3-10　标准节爬梯固定不规范，采用钢筋代替

（11）标准节连接螺栓螺母锈蚀严重，如图1-3-11所示。

图1-3-11　标准节连接螺栓螺母锈蚀严重

（12）标准节连接螺栓外露长度不足，如图1-3-12所示。

（a）　　　　　　　　　　　（b）

图1-3-12　标准节连接螺栓外露长度不足

（13）标准节连接螺栓无双螺母防松，如图1-3-13所示。

图1-3-13　标准节连接螺栓
无双螺母防松

（a）　　　　　　　　　　　（b）

（14）两个标准节之间的连接处间隙过大，如图 1-3-14 所示。

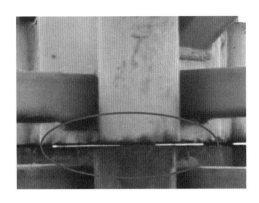

图 1-3-14　两个标准节之间的连接处间隙过大

（15）销轴外退，如图 1-3-15 所示。

图 1-3-15　销轴外退

（16）标准节漏装立销，如图 1-3-16 所示。

图 1-3-16　标准节漏装立销

（17）标准节连接销轴止退横销未穿开口销，如图 1-3-17 所示。

图 1-3-17　标准节连接销轴止退横销未穿开口销

（18）不同型号或不同厂家标准节混装，如图 1-3-18 所示。

（a）　　　　　　　　　　　　　　　　　　　（b）

图 1-3-18　不同型号或不同厂家标准节混装

三、事故案例分析

案例一　标准节裂纹和螺栓松动及超载导致塔机倒塌

1. 事故经过及原因分析

2012 年，某工程一台塔机在从下而上吊运钢筋时，第一节加强节 Ⅱ 两根主弦杆

先后断裂，造成塔机倒塌，事故现场如图
1-3-19 所示。事后检查，先断的主弦杆
中约有 60% 出现了陈旧裂纹，事故发生
时严重超载。经分析，造成事故的原因是：

（1）加强节Ⅰ和加强节Ⅱ截面处因
日常疏于检查未能发现明显的裂缝，如
图 1-3-20 所示；

（2）力矩限制器被人为绑扎失效，
事故时超载达到 43.5%，从钢筋堆放和
制作场地与塔机的距离分析，该塔机长
期超载；

（3）个别标准节螺栓严重松动，螺
栓长期缺乏保养。

以上原因令塔身局部过载，加剧裂
纹的受力，最终导致塔机倒塌。

2. 现场防范措施及建议

（1）塔机进场及使用中严格检查构
件外观质量；

（2）严禁操作人员擅自调整力矩限
制器；

（3）使用中加强日常维护保养，定
期检查螺栓，发现松动及时紧固。

案例二　标准节断裂导致塔机倒塌

1. 事故经过及原因分析

2012 年，一台塔机在安装运转 8 个
月后，塔身根部两根主弦杆先后断裂，
造成塔机倒塌。经分析，事故原因如下：

图 1-3-19　事故现场

（a）

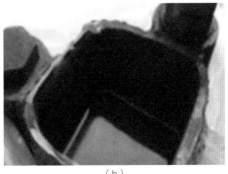

（b）

图 1-3-20　加强节Ⅰ、Ⅱ未出现明显裂缝

（1）塔机未按专项施工方案安装基础节，标准节直接安装于格构柱上；

（2）标准节连接套焊于方管的转角处，连接套日常疏于检查，内壁腐蚀严重，壁厚减小且出现早期裂纹，如图 1-3-21 所示。

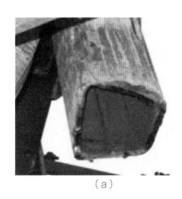
（a）

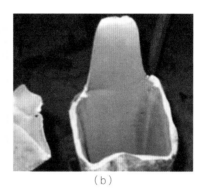
（b）

图 1-3-21　事故现场

2. 现场防范措施及建议

（1）严格按照专项施工方案安装基础节及标准节；

（2）加强标准节的日常检查和维护保养，发现隐患及时整改；

（3）塔机进场安装前严格检查构件外观质量。

第四章　爬升架安装

爬升架主要由爬升架架体构件、平台、液压顶升装置及标准节引进装置等组成。为了满足顶升安装的安全需要，爬升架的中部和上部设有工作平台。爬升架的横梁与液压油缸铰接，承受油缸的顶升载荷，爬升架中部位置有两个根据杠杆原理操纵的摆动爬爪，在液压油缸回收以及引进标准节等过程中通过停放于塔身踏步上端面，承受上部结构重量。

一、安装流程及技术要点

（一）安装流程

常见外爬式爬升架的安装流程：爬升架组装→装配顶升油缸和泵站→装配顶升横梁→起吊爬升架→确定油缸位置→缓慢下落爬升架到预定位置→将爬升架爬爪（挂靴）全部放置在标准节踏步上→插入安全销。

（二）技术要点

1. 安装前检查

（1）地脚螺栓及标准节螺栓应拧紧，销轴连接可靠，塔身垂直度符合要求；

（2）架体构件无明显变形、无裂纹、无严重锈蚀；主要结构件（如主弦杆、斜腹杆、油缸支撑横梁等）表面无明显凹凸，截面腐蚀深度不应超过规范要求；

（3）各操作平台承重固定撑杆及连接销轴完好可靠；

（4）爬升架顶部与回转下支座或过渡节连接处的销轴与轴孔或法兰盘孔径应无异常。

2. 爬升架安装过程中

（1）吊装爬升架套入塔身时，爬升架上不允许有作业人员，必须将爬升架换步爬爪（挂靴）可靠置放在标准节上部的踏步上，安全销插入后才能摘钩，防止爬升架意外滑落；

（2）注意：塔机爬升架顶升油缸位置与标准节踏步面在同侧，缓慢下落爬升架时导轮与标准节主弦杆的间隙调整应符合规范要求；

（3）引进平台整体无变形，连接件可靠、有效，两侧拉杆均匀受力。

二、安装现场常见问题及隐患

（1）液压油缸连接销轴安装不到位或退出，如图 1-4-1 所示。

（a）　　　　　　　　　　　　　　　　（b）

图 1-4-1　液压油缸连接销轴安装不到位或退出

（2）爬升架导向轮缺失，如图 1-4-2 所示。

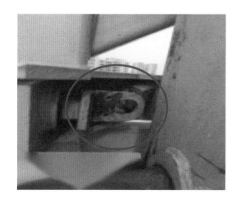

图 1-4-2　爬升架导向轮缺失

（3）爬升架主弦杆开裂，如图 1-4-3 所示。

图 1-4-3　爬升架主弦杆开裂

（4）套架导轮锁紧螺母缺失或松动，如图 1-4-4 所示。

图 1-4-4　套架导轮锁紧螺母缺失或松动

（5）爬升架连接焊缝开裂，如图 1-4-5 所示。

图 1-4-5　爬升架连接焊缝开裂

（6）爬升架横梁变形，如图1-4-6所示。

图 1-4-6　爬升架横梁变形

（7）爬升架顶升横梁连接耳板变形，如图1-4-7所示。

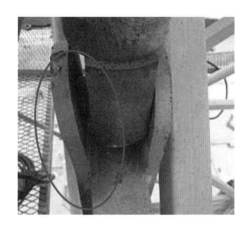

图 1-4-7　爬升架顶升横梁连接耳板变形

（8）顶升横梁防脱安全销缺失，如图1-4-8所示。

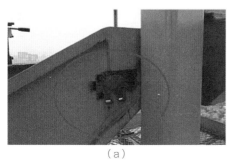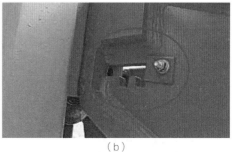

（a）　　　　　　　　　　　　　　　　　　（b）

图 1-4-8　顶升横梁防脱安全销缺失

（9）引进平台变形严重，如图1-4-9所示。

图1-4-9　引进平台变形严重

（10）引进平台连接拉杆变形，如图1-4-10所示。

图1-4-10　引进平台连接拉杆变形

（11）引进平台连接横梁销轴缺失，如图1-4-11所示。

图1-4-11　引进平台连接横梁销轴缺失

三、事故案例分析

塔机爬升架脱落事故

1. 事故经过及原因分析

2020年，某项目发生一起塔机爬升架脱落安全事故，事故造成一名安装工人死亡。经调查，安装作业人员没有按照安装专项施工方案要求对爬升架、回转下支座进行有效连接，在销轴还未完全有效连接爬升架与回转下支座时，操作顶升油缸出现失误，液压油缸在收缸时，摆动爬爪未放置在踏步内，未上安全销；液压油缸在收缸时，顶升横梁先脱出了踏步，爬爪未正确放置，造成爬升架脱落。事故现场如图 1-4-12 所示。

图 1-4-12　事故现场

2. 现场防范措施及建议

（1）安装作业时作业人员应按照安装专项施工方案要求将爬升架与回转下支座进行有效连接，确认连接有效后方能进行下一步操作。

（2）顶升前顶升横梁放置在踏步内并上安全销。

（3）安拆班组长应按照安装专项施工方案落实安装过程中的检查要求。

第五章　回转总成安装

回转总成作为塔机的重要组成部位，是为实现起重臂绕塔机中心线回转的工作装置，使重物能够以塔机中心线作水平圆周运动，从而把塔机的作业范围扩大到起重臂工作半径空间内。回转总成包括下支座、回转支承、上支座、回转机构等部分，通过过渡节与塔身标准节和爬升架相连。

一、安装流程及技术要点

（一）安装流程

回转总成的安装流程：外观检查→上、下支座组装（含回转机构、限位器）→平台组装→司机室安装→电控柜安装→回转总成吊装。

（二）技术要点

（1）安装前检查

1）检查回转支承上的连接螺栓的强度等级是否符合说明书要求，预紧力矩是否符合规范要求；

2）检查齿圈是否正确啮合、润滑正常。

（2）确保下支座爬梯方向与塔身节爬梯方向一致。

（3）在吊装回转总成时，注意吊点位置并保证吊装平衡。

二、安装现场常见问题及隐患

（1）回转下支座与爬升架连接螺栓处防松螺母未拧紧，如图 1-5-1 所示。

图 1-5-1　防松螺母未拧紧

（2）回转下支座与爬升架连接处螺栓螺母锈蚀严重，如图 1-5-2 所示。

图 1-5-2　螺栓螺母锈蚀严重

（a）　　　　　　　（b）

（3）回转下支座与爬升架连接处螺栓缺失，如图 1-5-3 所示。

图 1-5-3　螺栓缺失

（4）回转下支座与过渡节连接销轴止退横销缺失弹簧销，如图1-5-4所示。

图 1-5-4　缺失弹簧销

（5）回转下支座与过渡节连接处定位销采用螺栓代替，如图1-5-5所示。

图 1-5-5　定位销采用螺栓代替

（6）回转上支座结构锈蚀严重，如图1-5-6所示。

图 1-5-6　回转上支座结构锈蚀严重

（7）司机室平台销轴缺失，如图 1-5-7 所示。

图 1-5-7　司机室平台销轴缺失

（8）过渡节私自焊接加固，如图 1-5-8 所示。

图 1-5-8　过渡节私自焊接加固

（9）回转连接销轴定位销用钢筋代替，如图 1-5-9 所示。

图 1-5-9　回转连接销轴定位销用钢筋代替

三、事故案例分析

回转下支座螺栓未可靠连接导致塔机倒塌

1. 事故经过及原因分析

2020年某日，某项目安装单位4名安装人员正常到工地进行9号楼塔机安装工程，早上7点，3人上到塔机开始工作，1人在地面做其他准备工作。8点5分，塔机安装平衡臂后，塔身上部失去平衡，随即塔机倒塌。该事故导致1人死亡、1人受伤。经分析，该塔机在安装时，因安拆工人违反塔机安拆操作规程，在安装作业开始之前未按相关规程对所安装塔机的机械限位情况及连接件做认真检查；安拆工人在标准节与回转总成下支座四脚连接处螺栓未连接好就进行平衡臂安装，当转动平衡臂准备安装起重臂时，临时机械限位被崩断，产生剧烈振动，导致塔身上部失去平衡，发生倾倒。

2. 现场防范措施及建议

（1）作业前应对上一道工序的安装状况进行检查。

（2）标准节与回转总成下支座的连接处，四脚螺栓应全部安装紧固到位，确认无误后方可进行下一道工序。

（3）现场专业技术人员应对作业人员进行班前安全教育、技术交底；严格按照专项施工方案、操作规程施工。

第六章　塔帽（塔头节）安装

常用塔头式塔机的塔帽连接塔身和回转支承，通过前后拉杆与起重臂、平衡臂形成一个稳固的三角形，承受前后拉力，平衡塔身。

一、安装流程及技术要点

（一）安装流程

塔帽（塔头节）安装流程：塔帽（塔头节）结构件检查→塔帽（塔头节）吊装就位→连接螺栓紧固或连接销轴固定。

（二）技术要点

（1）安装前检查结构件有无锈蚀、变形、焊缝开裂，连接件有无缺失；高强度螺栓规格、强度等级、连接销轴、力矩限制器是否符合说明书要求；

（2）塔帽（塔头节）连接时应注意安装方向；

（3）高强度螺栓应使用力矩扳手或专用工具紧固，螺栓连接时应安装双螺母双垫片，螺栓露出螺母的长度应符合规范要求。

二、安装现场常见问题及隐患

（1）塔帽（塔头节）处爬梯护圈损坏，如图1-6-1所示。

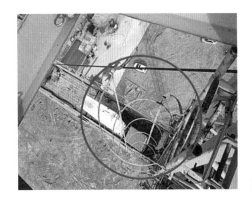

图1-6-1　塔帽（塔头节）处爬梯护圈损坏

（2）塔帽（塔头节）与回转上支座连接处螺栓代替销轴，如图1-6-2所示。

图1-6-2　螺栓代替销轴

（3）塔帽（塔头节）连接销轴开口销安装不规范、缺失，如图1-6-3所示。

图1-6-3　塔帽（塔头节）连接销轴开口销安装不规范、缺失

（4）塔帽（塔头节）连接螺栓松动，如图 1-6-4 所示。

图 1-6-4　塔帽（塔头节）连接螺栓松动

（5）塔帽（塔头节）拉板连接板开裂，如图 1-6-5 所示。

图 1-6-5　塔帽（塔头节）拉板连接板开裂

三、事故案例分析

塔帽底座连接销轴断裂导致塔机倒塌

1. 事故经过及原因分析

2022 年，某项目塔帽式塔机在使用过程中，因塔帽底座连接销轴断裂，造成塔机上部结构整体倾覆的事故。经分析，事故主要原因是塔帽连接使用的销轴存在隐患，塔机使用单位对塔机的日常维护保养不到位，未能及时发现连接销轴出现裂纹问题，销轴断裂导致塔机倒塌。事故现场如图 1-6-6 所示。

（a）

（b）

图 1-6-6　事故现场

2. 现场防范措施及建议

（1）塔机安装前应对进场的塔机结构连接件进行检查，禁止使用有缺陷或有安全隐患的零部件；

（2）塔机安装后，维保单位应加强对塔机的日常巡检和保养，并且应对塔机关键部位[回转机构、塔帽（塔头节）、起重臂和平衡臂等]的连接销轴、螺栓等进行重点检查，发现问题及时整改；

（3）使用单位按规定对设备定期进行检查，保证塔机安全使用。

第七章　平衡臂安装

平衡臂是塔机非常重要的组成部分之一，在塔机使用中是保证吊装物品稳定性和安全性的关键。在进行平衡臂的安装、拆卸时，须严格按照专项施工方案和操作规程执行，避免因违章操作造成安全事故。

一、安装流程及技术要点

（一）安装流程

平衡臂的安装流程：安装前检查→地面拼装→吊装→连接根部销轴→连接拉杆→安装平衡重（按照说明书要求安装）。

（二）技术要点

（1）安装前检查整体结构及平衡臂拉杆是否有变形、脱焊、开裂现象。

（2）平衡臂安装必须选取成套的专用吊具，通过卸扣与平衡臂吊点连接。保证起吊后平衡臂处于水平状态，禁止采取兜挂的方式吊装平衡臂。根据不同吊装方式（起升机构与平衡臂一起吊装或分开吊装）按照说明书选取相应的吊点。

（3）为方便安装及就位，在平衡臂尾部要设置溜绳。溜绳一般使用化纤绳或棕绳，禁止使用钢丝代替。

（4）平衡重具有不同的组合方式、安装顺序和安装位置，安装时必须严格遵守厂家使用说明书要求。

二、安装现场常见问题及隐患

（1）平衡重减少留空，间隙未封闭，平衡重未整体连接在一起，如图 1-7-1 所示。

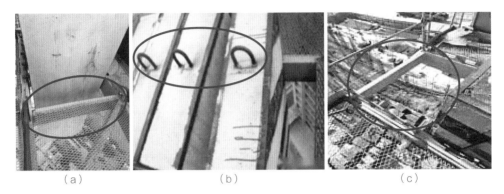

（a）　　　　　　　　　　（b）　　　　　　　　　　（c）

图 1-7-1　平衡重减少留空，间隙未封闭，平衡重未整体连接在一起

（2）平衡重销轴固定不可靠、销轴过短，如图 1-7-2 所示。

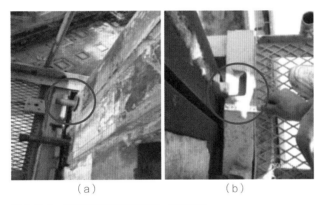

（a）　　　　　　　　　　（b）

图 1-7-2　平衡重销轴固定不可靠、销轴过短

（3）平衡重无重量标识，如图 1-7-3 所示。

图 1-7-3　平衡重无重量标识

（4）平衡臂平台护栏未有效固定，如图 1-7-4 所示。

（a） （b）

图 1-7-4 平衡臂平台护栏未有效固定

（5）平衡臂护栏及走台变形，如图 1-7-5 所示。

图 1-7-5 平衡臂护栏及走台变形

（6）平衡臂下弦杆横腹杆存在多处变形，如图 1-7-6 所示。

图 1-7-6 平衡臂下弦杆横腹杆存在多处变形

（7）平衡臂连接处销轴开口销未安装或安装不规范，如图 1-7-7 所示。

图 1-7-7　平衡臂连接处销轴开口销未
安装或安装不规范

（a）　　　　　　　　　　（b）

（8）平衡臂上用砝码代替配重，如图 1-7-8 所示。

图 1-7-8　平衡臂上用砝码代替配重

（9）平衡臂钢板网破裂，如图 1-7-9 所示。

图 1-7-9　平衡臂钢板网破裂

三、事故案例分析

平衡重未按说明书安装导致塔机倾覆

1. 事故经过及原因分析

2021年，某项目安装一台塔机，安装人员将平衡臂安装到位后继续安装平衡重，安装到第三块平衡重时，平衡臂侧重量超过塔机倾覆力矩，导致整机倾覆。事故造成塔机上2名安装人员死亡。经分析，事故原因是安装人员违章操作，未按照厂家说明书的要求安装平衡重。

2. 现场防范措施及建议

（1）作业前应进行专项施工方案及安全技术交底；

（2）安装前安装人员应熟悉说明书配重安装要求及流程并严格执行；

（3）旁站人员必须按规定旁站监督，发现隐患并及时制止。

第八章　起重臂安装

　　塔机起重臂的作用是进行货物的吊装与运输，不同规格型号塔机的起重臂长度和额定承载力决定了吊运范围和重量。为满足建筑施工不同需求，常用塔机形式分为平头式塔机、锤头式塔机和动臂式塔机。不同形式塔机起重臂安装流程及技术要点存在较大区别，在安装作业过程中须严格按照专项施工方案和操作规程执行，避免因违章操作造成安全事故。

一、安装流程及技术要点

（一）平头起重臂安装流程及技术要点

1. 平头起重臂安装流程

　　起重臂、平衡臂、平衡重交替安装，不同厂家、不同型号的平头塔机起重臂安装流程详见厂家使用说明书。

2. 平头起重臂安装技术要点

　　（1）起重臂全部安装后，按照说明书安装剩余平衡重。

　　（2）安装时将臂架之间的连接螺栓、螺母用专用工具拧紧。起重臂连接销轴的开口销应按照规范要求正确安装。

　　（3）起重臂吊装时正确选择吊点位置。

　　（4）必须严格按照每节臂上的序号标记组装，不允许错位或随意组装。

　　（5）为方便安装及就位，在起重臂尾部要设置溜绳。溜绳一般使用化纤绳或棕绳，禁止使用钢丝代替。

（二）锤头起重臂安装流程及技术要点

1. 锤头起重臂安装流程

地面组装起重臂和小车→组装起重臂拉杆→吊装起重臂总成→连接起重臂臂根销及拉杆销→安装剩余平衡重。

2. 锤头起重臂安装技术要点

（1）起重臂组装时，必须严格按照每节臂上的序号标记组装，不允许错位或随意组装；

（2）在塔机附近平整的支架（或枕木）上拼装好起重臂，注意无论组装多长的起重臂，均应先将变幅小车套在起重臂下弦杆的导轨上；

（3）各种臂长组合按照说明书要求选择对应的吊点，记录并标记，以便拆塔机时使用；

（4）吊装起重臂时或者进行拉杆连接时，禁止斜拉起重臂；

（5）为方便安装及就位，在起重臂尾部要设置溜绳。溜绳一般使用化纤绳或棕绳，禁止使用钢丝代替。

（三）动臂起重臂安装流程及技术要点

1. 动臂起重臂安装流程

地面组装起重臂→吊装起重臂总成→安装起重臂臂根销与安装拉杆→安装变幅拉杆和穿绕变幅滑轮组→拉起起重臂。

2. 动臂起重臂安装技术要点

（1）根据使用说明书的要求，在安装起重臂前安装相应数量的平衡重；

（2）根据起重臂长度，将变幅拉杆配备好，吊放在起重臂上平面，用相应的销轴将拉杆与起重臂连接好，并装好开口销或弹簧销；

（3）按照使用说明书的要求，安装拉杆；将拉索吊放在起重臂上平面，用相应的销轴将安装绳与起重臂连接好，穿好开口销并固定好；

（4）根据起重臂长度组合，按照说明书选择合适吊点并标记，以便拆卸时参考；

（5）为方便安装及就位，在起重臂尾部要设置溜绳。溜绳一般使用化纤绳或棕绳，禁止使用钢丝代替。

二、安装现场常见问题及隐患

（1）起重臂腹杆变形，如图 1-8-1 所示。

图 1-8-1　起重臂腹杆变形

（2）起重臂下弦杆连接销轴三角挡板开裂及腹杆开裂，如图 1-8-2 所示。

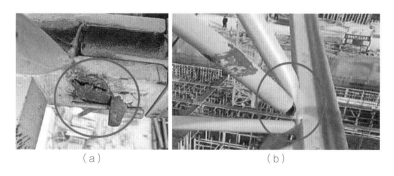

图 1-8-2　起重臂下弦杆连接销轴三角挡板开裂及腹杆开裂

（3）起重臂拉杆变形，如图1-8-3所示。

（a）　　　　　　　　　　　　　　　（b）

图1-8-3　起重臂拉杆变形

（4）起重臂拉杆连接销轴开口销损坏、缺失，如图1-8-4所示。

（a）　　　　　　　　　　　　　　　（b）

图1-8-4　起重臂拉杆连接销轴开口销损坏、缺失

（5）起重臂斜腹杆私自焊接加固，如图1-8-5所示。

图1-8-5　起重臂斜腹杆私自焊接加固

（6）起重臂上无安全绳，如图1-8-6所示。

（a）　　　　　　　　　　　（b）

图1-8-6　起重臂上无安全绳

（7）起重臂连接销轴开口销未安装或未开口，如图1-8-7所示。

（a）　　　　　　　　　　　（b）

图1-8-7　起重臂连接销
轴开口销未安装或未开口

（8）小车变幅卷筒固定底座螺栓及下弦杆连接处螺母松动，如图1-8-8所示。

（a）　　　　　　　　　　　（b）

图1-8-8　小车变幅卷筒固定底
座螺栓及下弦杆连接处螺母松动

（9）小车终端止挡装置缺失，如图 1-8-9 所示。

图 1-8-9　小车终端止挡装置缺失

（10）障碍灯缺失，如图 1-8-10 所示。

图 1-8-10　障碍灯缺失

三、事故案例分析

案例 起重臂安装不规范导致高空坠落

1. 事故经过及原因分析

2017 年，某公司塔机安装班组长带领 5 位工人来到工地 2 号塔机安装位置进行塔机安装作业。由于项目急需一台螺丝机，要用汽车起重机从塔机上方经过吊运至地面，但塔机的平衡臂尾部阻碍了汽车起重机起重臂的移动，于是班组长在去项目部协调工作前用对讲机交代塔机司机将起重臂转动一定角度，以便汽车起重机将螺丝机吊到地面。塔机司机在驾驶室向起重臂上的安装工鸣笛示意后就操作起重臂向左逆时针旋转（幅度约 90°），起重臂刚停止旋转， 起重臂第 2 节靠近起重臂第 1

节处突然发生弯折变形，同时由于起重臂上的安装工人安全带扣在坠落的起重臂上，导致1人被起重臂带下从空中坠落，造成1人受伤。经分析，塔机起重臂下弦连接螺栓未安装到位，提前使用塔机，导致本次事故发生。

2. 现场防范措施及建议

（1）塔机应严格按照专项施工方案要求安装；

（2）塔机结构部件吊装就位后，应严格按照操作规程对各部件进行有效连接，检查合格后方可进行下一道工序。

（3）塔机在未经验收或验收不合格的情况下，严禁投入使用。

第九章　穿绕钢丝绳

塔机起重臂安装完工后，将进入穿绕钢丝绳的安装步骤，安装前应对钢丝绳、滑轮、防扭装置等进行完好性及可靠性检查；钢丝绳在安装过程中应严格按照使用说明书和操作规程执行，避免乱绳情况出现；钢丝绳绳头安装固定非常重要，如果钢丝绳绳头松脱，就会造成严重事故。

一、安装流程及技术要点

（一）安装流程

1. 穿绕起升钢丝绳（动臂塔机的变幅绳可参考穿绕起升钢丝绳）

穿绕起升钢丝绳的流程：起升钢丝绳由起升机构卷筒放出→经排绳滑轮→绕过导向滑轮→进入起重量限制器滑轮→向前再绕到吊钩滑轮组（如水平变幅塔机则需先绕过变幅小车）→将绳头通过绳夹（楔套）用销轴固定在起重臂头部的防扭装置上。

2. 穿绕变幅钢丝绳

穿绕变幅钢丝绳的流程有两种：

（1）变幅机构卷筒放出→前绳经导向轮→钢丝绳穿过断绳保护器→将绳头通过绳夹（楔套）固定在变幅小车上。

（2）变幅机构卷筒放出→后绳经导向轮→钢丝绳穿过断绳保护器→将绳头通过绳夹（楔套）固定在变幅小车上。

（二）技术要点

（1）检查钢丝绳外观、规格、型号。

（2）检查滑轮是否有破损、缺失、磨损严重等情况。

（3）检查钢丝绳的绳端固定情况。

（4）检查所用的钢丝绳夹布置形式、紧固方法等是否符合规范要求。

（5）防扭装置楔套与选用钢丝绳相匹配。

二、安装现场常见问题及隐患

（1）钢丝绳断丝、断股、外部磨损、绳芯突出、笼状畸形、散股，如图1-9-1所示。

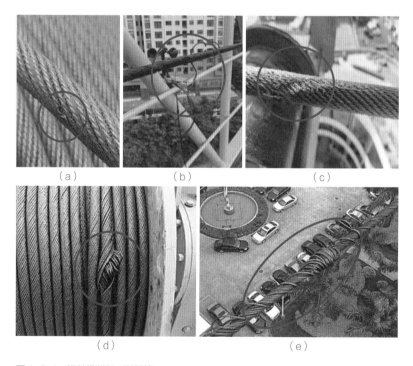

图 1-9-1　钢丝绳断丝、断股等

（2）钢丝绳排列不整齐，如图 1-9-2 所示。

图 1-9-2　钢丝绳排列不整齐

（3）钢丝绳绳夹方向、数量、间距错误，如图 1-9-3 所示。

（a）　　　　　　　　　　　　　　（b）

图 1-9-3　钢丝绳绳夹方向、数量、间距错误

（4）钢丝绳固定压板不牢靠，如图 1-9-4 所示。

图 1-9-4　钢丝绳固定压板不牢靠

（5）钢丝绳防扭装置缺失，如图 1-9-5 所示。

图 1-9-5　钢丝绳防扭装置缺失

（6）钢丝绳防脱装置损坏或缺失，如图1-9-6所示。

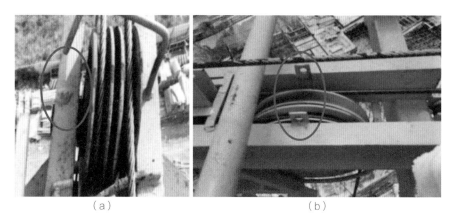

（a）　　　　　　　　　　　（b）

图1-9-6　钢丝绳防脱装置损坏或缺失

（7）钢丝绳防脱装置与滑轮边缘的间隙大于钢丝绳直径的20%，如图1-9-7所示。

图1-9-7　钢丝绳防脱装置与滑轮边缘的间隙大于钢丝绳直径的20%

（8）吊钩连接销轴退出，如图1-9-8所示。

图1-9-8　吊钩连接销轴退出

三、事故案例分析

案例一 起升钢丝绳断裂事故

1. 事故经过及原因分析

2014 年，某工地发生一起塔机作业时起升钢丝绳断裂的事故，造成 1 人死亡。事故发生时塔机起吊的载荷重量并未超出起重性能曲线表上的数值。经现场调查分析，断裂的钢丝绳存在多处陈旧性机械损伤和断丝，说明该塔机在使用过程中管理松懈，钢丝绳长期缺乏维护保养，存在多处隐患且未及时整改，是导致本次事故发生的根本原因。

2. 现场防范措施及建议

（1）每日工作前应对钢丝绳的可见部位进行检查，发现有缺陷时立即向主管人员报告。

（2）严格按照说明书要求对钢丝绳进行保养、维护、检验和报废，发现问题及时整改。

案例二 钢丝绳腐蚀磨损断裂导致高空坠落

1. 事故经过及原因分析

2022 年，某项目塔机吊运期间，地面作业人员在已吊起的重物下方作业停留时，吊钩及吊物坠落，导致 1 人死亡。经分析，涉事塔机起升钢丝绳长期存在腐蚀、磨损现象，缺乏对钢丝绳的维护保养，导致塔机起吊作业中钢丝绳断裂。现场地面作业人员安全意识淡薄，在已起吊的重物下面并在起重臂下旋转范围内作业停留，违反了操作规程，导致本次事故发生。事故现场如图 1-9-9 所示。

（a）

（b）

图 1-9-9 事故现场

2. 现场防范措施及建议

（1）对塔机起升钢丝绳进行定期检查保养，严格按照说明书要求对钢丝绳进行保养、维护、检验和报废，发现问题及时整改；

（2）起重臂下方严禁逗留；

（3）使用单位应当在塔机作业范围内设置明显的安全警示标志；

（4）加强特种作业人员的安全教育培训，严禁违章作业。

第十章　整机调试

整机调试是确保塔机正常工作和安全运行的关键环节。安装人员应提前做好调试准备工作，在调试过程中，严格按照规定的流程执行，不得随意更改或省略任何环节，并做好相应的安全保障措施。

一、调试流程及技术要点

（一）整机调试流程

整机调试流程：确认塔机专用电箱合格→测量塔机接地电阻→检查三大机构接线→检查所有限位接线→通电之后检查相序→通电后检查三大机构的运行方向→调试高度限位、幅度限位、角度限位（回转）、重量及力矩限制器。

（二）技术要点

（1）在塔机整机调试前，须选择合适的漏电保护开关：

① 使用普通电机的塔机可以选择普通的 30mA 漏电保护开关。

② 使用变频器驱动的塔机，建议采用符合《剩余电流操作保护装置》IEC 60755—2017 或 VDE0664-100 标准所规定的 B 型漏电保护开关。

（2）测量塔机接地电阻：根据《塔式起重机安全规程》GB 5144—2006 的要求，接地电阻不大于 4Ω。重复接地电阻不大于 10Ω。

（3）检查三大机构接线：根据电气原理图检查三大机构的电缆接线。

（4）检查所有限位接线：根据电气原理图检查所有限位接线和触点是否正确。

（5）检查相序：用适当的电压测量仪器测量每个相线的电压，确保电压值符合要求并与相应的参考角度相匹配。根据测量结果调整电源设置以确保正常的相序，否则会造成设备故障甚至损坏。

（6）三大机构的运行方向：起升、变幅、回转三大机构通过驾驶室内配置的联动台进行操控，在整机调试时，一定要确认联动台动作正确可靠。

二、调试现场常见问题及隐患

（1）因漏电保护开关选择不合理，导致调试过程中的跳闸现象，从而影响调试过程，严重时可能会导致事故发生。

（2）专用电箱设置不符合要求，有其他用电设备接入及未安装接地线，如图1-10-1所示。

图 1-10-1　专用电箱设置不符合要求

（3）电气柜无原理图，如图1-10-2所示。

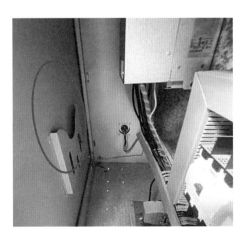

图 1-10-2　电气柜无原理图

（4）电缆悬挂不规范，如图 1-10-3 所示。

图 1-10-3　电缆悬挂不规范

（5）电缆破损，如图 1-10-4 所示。

图 1-10-4　电缆破损

（6）电缆未安装绝缘套，如图 1-10-5 所示。

图 1-10-5　电缆未安装绝缘套

（7）电缆接长未采用接线盒，如图 1-10-6 所示。

图 1-10-6　电缆接长未采用接线盒

（8）司机室电箱接零保护线未连接，如图 1-10-7 所示。

图 1-10-7　司机室电箱接零保护线未连接

（9）力矩限制器未安装行程开关，如图 1-10-8 所示。

图 1-10-8　力矩限制器未安装行程开关

（10）力矩限制器防护罩缺失，如图 1-10-9 所示。

图 1-10-9　力矩限制器防护罩缺失

（11）力矩限制器固定螺栓未拧紧，如图 1-10-10 所示。

图 1-10-10　力矩限制器固定螺栓未拧紧

（12）力矩限制器触点调节螺栓未拧紧，如图 1-10-11 所示。

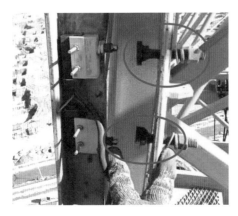

图 1-10-11　力矩限制器触点调节螺栓未拧紧

（13）起重量限制器失效，如图 1-10-12 所示。

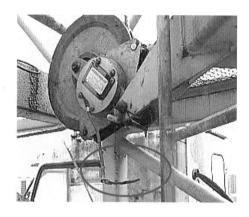

图 1-10-12　起重量限制器失效

（14）变幅限位器失效，如图 1-10-13 所示。

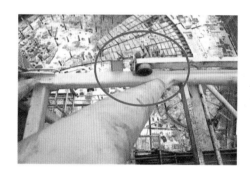

图 1-10-13　变幅限位器失效

（15）起升高度限位器未接线，如图 1-10-14 所示。

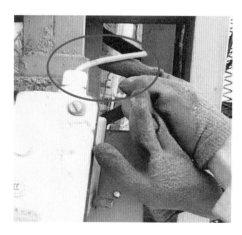

图 1-10-14　起升高度限位器未接线

（16）回转限位器未接线，如图 1-10-15 所示。

图 1-10-15　回转限位器未接线

（17）回转限位器齿轮与回转支承未正确啮合，如图 1-10-16 所示。

图 1-10-16　回转限位器齿轮
与回转支承未正确啮合

（18）回转电机与内齿圈的啮合齿轮缺失（双电机，仅一台电机工作），如图
1-10-17 所示。

图 1-10-17　回转电机与内齿
圈的啮合齿轮缺失

第十一章　附着安装

塔机的工作高度超过其独立高度时必须对塔身进行附着，以增加塔机的稳定性。塔机附着时，如塔机位置、附着撑杆布置形式及尺寸等与塔机使用说明书不符时，切不可盲目自行制作与安装，必要时须进行专家论证，以免产生重大安全事故。

一、安装流程及技术要点

（一）安装流程

附着安装流程：附着装置安装前检查验收→附着操作平台搭设→附着框安装→垂直度测量→附着杆长度初调→附着杆安装→附着安装后进行垂直度复测→组织验收。

（二）技术要点

（1）附着施工应严格按审核批准的专项施工方案进行施工，特殊附着方案应根据相应规范及管理规定进行专家论证。

（2）附着装置安装前应进行进场验收，保证各部件无开焊、裂纹、变形及严重锈蚀，连接螺栓及销轴强度符合厂家规定要求，验收不合格则禁止安装。

（3）在塔机上安装的附着框架、附着杆应有原制造厂的制造证明。特殊情况下，需要另行制造时，应有专业制造厂开具的制造证明，且其资质等级不应低于原制造厂。

（4）附着预埋基座、预埋螺栓规格符合使用说明书或专项方案的要求。

（5）建筑结构预埋点的加固应按附着专项施工方案进行，预埋基座处混凝土强度必须达到设计要求后才能加装附着杆。

（6）附着装置与塔身节和附着物的连接必须安全可靠，各连接件如螺栓、销轴等必须齐全，不应缺件或松动，与附着杆相连接的附着物不应有裂纹或损坏。附着杆与附着物之间不得采用膨胀螺栓连接。

（7）附着杆的布置方式、附着间距和附着距离、悬臂高度应按使用说明书规定执行。特殊情况应另行设计。

（8）附着框的内撑杆应根据说明书要求安装。

（9）附着安装作业中对塔机的垂直度应进行测量与调整，保证垂直度符合规范要求。在空载、风速不大于3m/s状态下，独立状态塔身（或附着状态下最高附着点以上塔身）轴心线的侧向垂直度偏差不大于4/1000，最高附着点以下塔身轴心线的垂直度偏差不大于2/1000；附着装置安装后应进行水平测量，保证附着杆安装水平范围不大于10°。

二、安装现场常见问题及隐患

（1）附着预埋基座的预埋螺栓长度不足且拉杆连接头被人为切割，如图1-11-1所示。

图1-11-1　预埋螺栓长度不足且拉杆连接头被人为切割

（2）附着预埋基座的预埋螺栓倾斜，如图1-11-2所示。

图1-11-2　附着预埋基座的预埋螺栓倾斜

（3）附着框耳板私自焊接加长及销轴连接不可靠，如图 1-11-3 所示。

图 1-11-3　附着框耳板私自焊接加长及销轴连接不可靠

（4）附着杆连接销轴采用螺栓替换，用钢丝替代开口销，如图 1-11-4 所示。

图 1-11-4　附着杆连接销轴采用螺栓替换

（5）违规使用附着杆转向连接头，如图 1-11-5 所示。

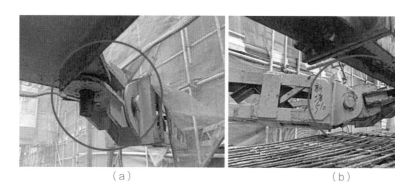

（a）　　　　　　　　　　　（b）

图 1-11-5　违规使用附着杆转向连接头

（6）附着拉杆私自焊接加固，如图 1-11-6 所示。

（a）　　　　　　　　　　　　　　　　（b）

图 1-11-6　附着拉杆私自焊接加固

（7）附着拉杆扭曲变形，如图 1-11-7 所示。

图 1-11-7　附着拉杆扭曲变形

（8）附着拉杆私自切割焊接，如图 1-11-8 所示。

（a）　　　　　　　　　　　　　　　　（b）

图 1-11-8　附着拉杆私自切割焊接

（9）附着拉杆调节螺母松动且未紧固，如图 1-11-9 所示。

（a）　　　　　　　　　　　　（b）

图 1-11-9　附着拉杆调节螺母松动且未紧固

（10）附着拉杆的调节螺栓未穿开口销，如图 1-11-10 所示。

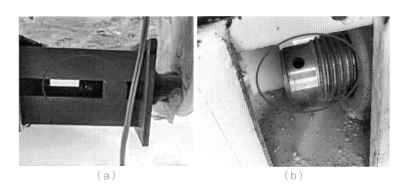

（a）　　　　　　　　　　　　（b）

图 1-11-10　附着拉杆的调节螺栓未穿开口销

（11）附着框连接螺栓倾斜，如图 1-11-11 所示。

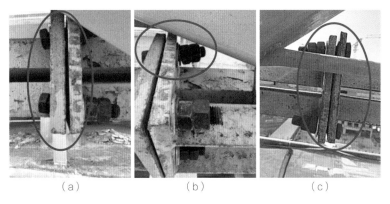

（a）　　　　　　（b）　　　　　　（c）

图 1-11-11　附着框连接螺栓倾斜

（12）附着框法兰板间隙过大，如图 1-11-12 所示。

（a）　　　　　　　（b）　　　　　　　（c）　　　　　　　（d）

图 1-11-12　附着框法兰板间隙过大

（13）附着框连接螺栓采用单螺母，无防松措施，如图 1-11-13 所示。

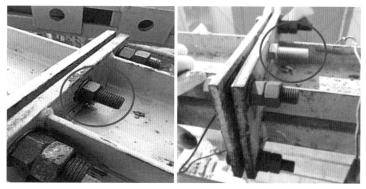

图 1-11-13　附着框连接螺栓采用单螺母，无防松措施

（14）附着框高强度螺栓数量不足，如图 1-11-14 所示。

图 1-11-14　附着框高强度螺栓数量不足

（15）附着框连接螺栓处弹垫失效，如图 1-11-15 所示。

图 1-11-15　附着框连接螺栓处弹垫失效

（16）附着框私自扩孔，如图 1-11-16 所示。

图 1-11-16　附着框私自扩孔

（17）附着框私自切割，如图 1-11-17 所示。

（a）　　　　　　　　　　　　　（b）

图 1-11-17　附着框私自切割

（18）附着装置未按照说明书要求安装内撑杆，如图 1-11-18 所示。

（a）　　　　　　　　　　　（b）　　　　　　　　　　　（c）

图 1-11-18　附着装置未按照说明书要求安装内撑杆

（19）附着拉杆与塔身中心线的角度不足 15°，未经专家论证，不符合规范要求，如图 1-11-19 所示。

（a）　　　　　　　　　　　（b）

图 1-11-19　附着拉杆与塔身中心线角度不足 15°

（20）附着间距过小，不符合使用说明书要求，如图 1-11-20 所示。

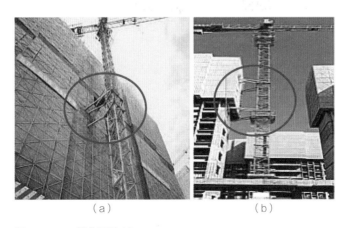

（a）　　　　　　　　　　　（b）

图 1-11-20　附着间距过小

（21）塔身悬臂高度不符合使用说明书要求，如图 1-11-21 所示。

（a）　　　　　　　　　（b）

图 1-11-21　塔身悬臂高度不符合使用说明书要求

（22）附着预埋基座附着于剪力墙上，未按设计要求进行加固，承载力不足导致墙体开裂，如图 1-11-22 所示。

（a）　　　　　　　　　（b）

图 1-11-22　附着预埋基座承载力不足导致墙体开裂

三、事故案例分析

案例一　塔机附着预埋不符合要求导致重大隐患

1. 事故经过及原因分析

某项目部在做第一道附着装置时，根据现场情况自行设计制造并安装了塔机超长附着装置。建筑物与塔机中心的距离为 9.3m，两组撑杆附墙间距为 8m，加长附着杆最长 11m，附着后塔机爬升到 44m。使用第 10 天，附墙基座的 8 根直径 16mm 预埋钢筋出现了断裂，一组附着撑杆从附墙建筑物的柱上掉落到 8 层楼面，险些造成塔机倒塌的重大事故，事故现场如图 1-11-23 所示。经分析，附着拉杆的附着角度过大，预埋基座采用预埋钢筋代替预埋螺栓，预埋钢筋和预埋基座焊接在一起，附着基座的预埋钢筋在附着拉杆的作用下受力不均，导致钢筋断裂，造成附着拉杆坠落。

（a）　　　　　　　　　　（b）

图 1-11-23　事故现场

2. 现场防范措施及建议

（1）安装塔机附着时，必须由具备安装资质的单位负责编制附着专项施工方案，应包含厂家设计计算、加工制作图和编写相关说明，超长附着方案需进行专家论证。

（2）附着装置预埋件的材质、数量及预埋处的混凝土强度应符合附着专项方案的要求，预埋件应附着在建筑物的主要受力结构（如结构柱、结构梁等）上，并经设计单位复核确认，预埋安装应按隐蔽工程验收要求进行。

案例二　附着拉杆制造质量不合格导致高空坠落

1. 事故经过及原因分析

某项目有一台安装高度 131m、共 4 道附着的塔机。在使用过程中，该塔机最高道附着的 1 根附着拉杆在对焊连接处断裂，另外 2 根附着拉杆与附着连接耳环焊缝处被拉断，造成高空坠落事故，事故现场如图 1-11-24 所示。经分析，该塔机附着拉

（a）　　　　　　　　　　　　　　（b）

图 1-11-24　事故现场

杆焊接工艺和焊接质量不达标；附着拉杆由槽钢多段随意对焊连接，焊缝在同一截面上，未进行错缝，且未设置加强板；附着拉杆上缀条设置随意，未形成有效的格构式结构。

2. 现场防范措施及建议

（1）附着装置安装前应进行进场验收，如验收不合格，则禁止安装；

（2）在塔机上安装的附着框架、附着杆应有原制造厂的制造证明。特殊情况下，需要另行制造时，应有专业制造厂开具的制造证明，且其资质等级不应低于原制造厂。

案例三　附着预埋螺栓未有效连接导致的事故

1. 事故经过及原因分析

某项目塔机安装高度 115m，悬臂端高度符合使用说明书要求，共 2 道附着。使用中最高道附着共 3 处连墙基座，其中两处连墙基座的预埋螺栓被拉出，混凝土结构破坏，一处连墙基座预埋螺栓被拉断，造成重大安全隐患。经分析，每道附着含 3 根附着拉杆及 3 个连墙基座，每个基座由 4 根附着预埋螺栓固定；附着预埋螺栓与建筑物主体结构未有效连接，未固定在结构柱主筋上，仅拉设在 ϕ 10 箍筋上，箍筋被拉断后预埋螺栓被拉脱；预埋螺栓所在的建筑结构处未采取加固措施，混凝土结构破坏，事故现场如图 1-11-25 所示。

（a）　　　　　　　　　　　　　　　（b）

图 1-11-25　事故现场

2. 现场防范措施及建议

（1）附着基座处的结构强度应满足设计要求，并应按照专项方案中的附着受力对支承处的建筑主体结构进行验算并设计加固。

（2）附着装置各部位连接必须可靠有效。

第十二章　顶升作业

　　塔机顶升加节安装作业过程是安全事故的高发阶段，极易因安装作业人员专业技术不强、责任心不足、安全意识淡薄，造成盲目施工、违章冒险作业的重大安全事故。因此需加强对安装作业人员专业技术及安全教育的培训，提高作业人员安全思想意识，强化现场安全管控，及时发现并制止安装作业人员违章冒险作业。

一、顶升流程及技术要点

（一）顶升流程

　　顶升流程：将顶升标准节沿起重臂排成一排→顶升前的检查及空载试操作→顶升作业→最后一节顶升完毕回转下支座（过渡节）与标准节可靠连接→测量垂直度→自检合格→组织验收。

（二）技术要点

1. 顶升作业技术要点

　　（1）应保证周边环境与周边建（构）筑物及施工设施、架空输电线的距离符合规范要求。

　　（2）安装单位一定要检查液压顶升系统是否能正常工作，爬升架结构有无变形、开焊等。

　　（3）顶升前应预先放松电缆，其长度宜大于顶升总高度，并应做好电缆绝缘固定。

　　（4）按说明书要求调整并确认爬升架导向轮与塔身主弦杆的间隙，滚轮不得有缺失情况。

　　（5）换步支撑装置承重时，应有预定工作位置保持功能或锁定装置，顶升支撑装置的防脱功能应可靠，确保各部位运动灵活、可靠。

（6）塔机下支座或过渡节等部件与爬升架应可靠连接，顶升过程中严禁拆除。

（7）每次顶升前，应按说明书要求先配平。

（8）顶升过程中必须保证起重臂与引入标准节方向一致；回转锁定装置应可靠，并利用回转机构制动器将起重臂制动住，载重小车必须停在顶升配平位置。

（9）若要连续加高几节标准节，则每加完一节后，用塔机自身起吊下一节标准节前，塔身各主弦杆和过渡节必须用螺栓或销轴进行可靠连接。检查连接可靠后方可进行下一步操作。

（10）在顶升过程中，若液压顶升系统出现异常，应立即停止顶升，缓慢收回油缸，将回转下支座（过渡节）落在塔身顶部，并用螺栓或销轴将回转下支座（过渡节）与塔身连接牢靠后，再排除液压系统的故障。

（11）无论顶升是否完成，在回转下支座（过渡节）与塔身没有用螺栓或销轴连接好之前，严禁进行起重臂回转、载重小车变幅和吊装作业。

（12）顶升时，应确保上升通畅，确保顶升装置与塔身标准节的顶升支撑部位可靠定位且能防止脱出，并使塔机顶升部分处于平衡状态，方可进行下一步操作。顶升过程中应随时观察爬升架有无卡阻现象，顶升时应适时放松电缆，观察主电缆是否被夹拉挤伤等。

（13）需顶升换步的，液压顶升装置的顶升支撑装置与换步装置相互转换时，两侧的支撑装置应按说明书规定的程序同时承载，不应单边承载，应确认换步支撑装置预定工作位置保持功能或锁定装置有效、可靠，否则严禁收缩液压油缸。

（14）塔机在顶升过程中，爬升架导向轮出现脱轨现象时应立即停止顶升，采取安全措施排除故障后方可继续作业。

（15）顶升过程中，有专人负责指挥，照看电源，操纵液压油泵；有专人负责扶顶升横梁，拉爬爪；有专人负责安装轴销（螺栓等），观察顶升导向轮等是否异常。指定专人检查顶升横梁、挂靴是否正确安装就位；顶升横梁就位后，应插上防脱安全销，确保符合安全状态后方可继续作业。

（16）顶升完成后，塔身节上部应与下支座或过渡节等部位连接可靠后，方可解除回转锁定。

（17）顶升未完成时，若需中途终止工作，必须将塔身节上部与下支座或过渡节等部位连接可靠，应对配电箱断电上锁，悬挂禁止使用标牌。

2. 顶升完成后的验收要点

（1）全面检查塔机电缆固定方式及各连接线是否正确。

（2）全面检查整机安装的各连接部位是否正确、牢固，顶升后高度是否符合说明书要求，现场周边环境是否符合规定；群塔作业安全距离是否符合规范要求。

（3）观测塔身轴线对基础水平面的垂直度，附着以上允许差值 ≤ 4/1000，附着以下允许差值 ≤ 2/1000。

（4）检查调试塔机各安全装置及监控系统是否灵敏、可靠。

3. 顶升安全要诀

（1）防脱：顶升横梁完全落入踏步槽内，防脱装置安装就位。

（2）连接：未配平，不能拆除上下连接；爬升架无可靠支撑，不能松开与下支座（过渡节）的连接；刚引进的标准节必须与上下连接可靠后才能继续引进。

（3）配平：微调。

（4）锁机构：顶升、引进、落位时，禁回转、禁变幅、禁起升。

（5）控间隙：配平后滚轮与塔身主弦杆的间隙基本相同，可调滚轮单边间隙 2 ~ 5mm。

二、顶升作业现场常见问题及隐患

（1）顶升横梁防脱销轴未安装到位、缺失，如图 1-12-1 所示。

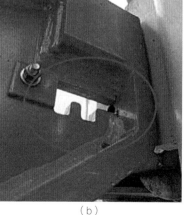

（a）　　　　　　　　　　　　　（b）

图 1-12-1　顶升横梁防脱销轴未安装到位、缺失

（2）顶升横梁未放置于踏步内，如图 1-12-2 所示。

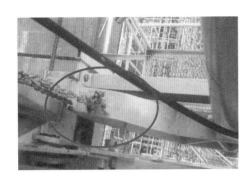

图 1-12-2　顶升横梁未放置于踏步内

（3）液压油缸连接销轴轴向固定压板螺栓缺失，如图 1-12-3 所示。

图 1-12-3　轴向固定压板螺栓缺失

（4）液压油缸下横梁固定销轴止退挡板连接螺栓松动，如图 1-12-4 所示。

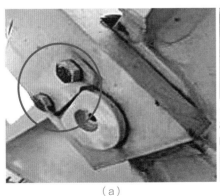

（a）

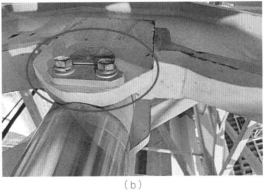

（b）

图 1-12-4　连接螺栓松动

（5）液压泵站液压油不足，如图 1-12-5 所示。

图 1-12-5　液压泵站液压油不足

（6）液压油表失效、未标定，如图 1-12-6 所示。

（a）　　　　　　　　　　　　　　　（b）

图 1-12-6　液压油表失效、未标定

（7）爬升架导轮间隙过大，如图 1-12-7 所示。

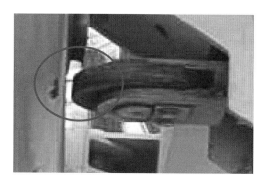

图 1-12-7　爬升架导轮间隙过大

三、事故案例分析

案例一　液压系统故障时违章作业导致塔机倒塌

1. 事故经过及原因分析

2021年，某项目发生一起较大事故，造成3人死亡、1人受伤，事故现场如图1-12-8所示。经调查分析，塔机顶升过程中，液压系统出现故障，在处置故障过程中，现场操作人员未对回转下支座与塔身进行有效连接，悬空约0.5m高的情况下进行了回转、变幅、起升操作，造成塔机上部结构失稳且发生翻转，爬升架及塔机上部结构坠落地面。

图1-12-8　事故现场

2. 现场防范措施及建议

（1）针对现场安装作业，安装单位要制定隐患上报制度，出现异常或隐患要及时上报安装单位主要负责人和总承包项目部，制订科学有效地解决隐患的措施和方法。

（2）安装单位顶升前应制订详细的附着顶升专项施工方案和应急预案，针对本次突发事件，应先采取临时措施后人员先行撤离，安排专业维修工进行泵站维修，同时调配新的泵站至塔机附近地面，确定无法修复后，采用塔身上部固定滑轮组等方式，人工倒运泵站至爬升架平台（若泵站太重，泵站液压油可以先放掉至油桶内）；及时更换油泵后再作业。

（3）加强专业技术教育培训。

案例二　回转未锁定及安全防脱销失效导致塔机倾覆

1. 事故经过及原因分析

2015 年，某项目建筑工地发生一起塔机顶升倒塌事故，造成 4 人死亡，事故现场如图 1-12-9 所示。在塔机标准节顶升过程中，顶升横梁防脱插销未插入踏步的防脱插销孔内，起重臂未锁死且没有安排塔机司机在驾驶室操作。当塔身上部产生回转移动时，造成塔身上部失稳倾覆。

图 1-12-9　事故现场

2. 现场防范措施及建议

（1）施工单位和监理单位现场安全管理人员应对塔机顶升作业做好现场旁站监督。

（2）安装单位顶升前，应检查刹车制动是否正常；应将塔机配平。

（3）顶升过程中，确保塔机起重臂回转制动装置锁死，禁止起升、回转、变幅等操作。

（4）顶升横梁落入踏步时，防脱插销必须有效插入踏步的防脱销孔内。

（5）使用单位在顶升过程中应配合安装单位按照安全操作规程进行顶升作业。

案例三　顶升销轴未安装到位导致塔机倒塌

1. 事故经过及原因分析

2017 年，某项目工地发生一起塔机倒塌事故，造成 7 人死亡、2 人受伤，事故现场如图 1-12-10 所示。

经事故调查组调查认定，部分顶升人员违规饮酒后作业，作业时未佩戴安全带；在塔机右顶升销轴未插到正常工作位置，并处于非正常受力状态下，顶升人员继续进行塔机顶升作业，顶升过程中顶升摆梁内外腹板销轴孔发生严重的屈曲变形，右顶升爬梯首先从右顶升销轴端部滑落，右顶升销轴和右换步销轴同时失去对内塔身荷载的支承作用，塔身荷载连同冲击荷载全部由左爬梯与左顶升销轴和左换步销轴承担，最终导致内塔身滑落，塔臂发生翻转解体，塔机倾覆坍塌。

（a）　　　　　　　　　　　　（b）

（c）　　　　　　　　　　　　（d）

图 1-12-10　事故现场

2. 现场防范措施及建议

（1）施工单位、监理单位现场安全管理人员发现施工人员酒后作业、未按规定佩戴合格的安全带时，应及时制止和纠正施工人员违章作业行为。

（2）安装单位现场专业技术人员与安全管理人员应落实专项施工方案与安全技术交底，要求现场作业人员严格按照施工方案、操作规程施工，应及时制止和纠正施工人员违章作业行为。

（3）现场安装作业人员严禁酒后作业，应按规定佩戴合格的安全带，高挂低用，并且要熟悉正确顶升过程。

（4）施工单位（使用单位）需给安装单位充足的连续顶升作业时间。

（5）顶升作业时，现场管理人员应现场旁站，发现违规作业行为应及时制止。

案例四　顶升横梁防脱销失效导致塔机倒塌

1. 事故经过及原因分析

2020年，某项目塔机正在进行顶升作业时发生倒塌事故，造成5人死亡。现场测量顶升油缸伸出行程1050mm，如图1-12-11（a）所示。事故发生时，顶升横梁北侧的防脱插销处于非工作状态，未插入标准节踏步的防脱插销孔内，如图1-12-11（b）所示。第8个塔身标准节西南方向上方踏步半圆弧内油漆完整，无压痕，如图1-12-11（c）所示。踏步半圆弧外侧边缘处有明显压痕且有金属摩擦痕迹，踏步半圆弧外侧边缘内侧油漆有裂痕，如图1-12-11（d）所示。

根据现场事故塔机的踏步方向及现场的顶升横梁位置判断，事故发生后的顶升横梁的东北侧在事故发生前位于顶升横梁的北侧。经分析，在顶升横梁北侧的轴头未完全放置在踏步半圆弧内，未使用顶升横梁防脱销装置的情况下，进行塔机顶升作业，致使位于顶升横梁北侧的轴头从踏步半圆弧边缘处滑脱，造成塔机上部荷载由顶升横梁南侧一端承担而失稳，顶升油缸无着力点，导致塔机上部荷载连同爬升架顺着塔身标准节坠落1m左右，与第9塔身节上部剧烈撞击，引发塔机倒塌。

（a）顶升油缸伸出行程 1050mm

（b）防脱插销处于非工作状态

（c）油漆完整，无压痕

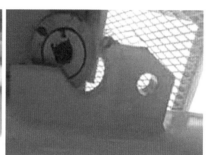
（d）油漆有裂痕

图 1-12-11　事故现场

2. 现场防范措施及建议

（1）对作业人员加强专业技术培训；

（2）安装作业过程中，严格按照专项施工方案及使用说明书进行顶升作业；

（3）顶升时需专人检查顶升横梁完全落入踏步槽内，防脱装置安装到位。

案例五　顶升前未配平及回转未锁定导致塔机倒塌

1. 事故经过及原因分析

2019 年，某项目在塔机顶升作业过程中发生一起起重伤害事故，造成 3 人死亡、1 人受伤。在顶升作业时塔机上部重心偏离，起重臂发生转动，整机失稳倾覆。经分析，塔机顶升作业中操作人员严重违章作业，顶升前未配平，在顶升过程中未使用回转制动器将塔机上部机构处于制动状态，导致本次事故发生。

2. 现场防范措施及建议

安装单位在顶升过程中严格按照专项施工方案及使用说明书实施，并注意以下几点：

（1）顶升横梁完全落入踏步槽内，防脱装置安装到位。

（2）顶升前未配平，不能拆除结构上下连接件。

（3）顶升、引进、落位时，禁回转、禁变幅、禁起升。

（4）配平后爬升架导向轮与塔身主弦杆间隙基本相同，导向轮单边间隙宜 2 ～ 5mm。

案例六　爬升架与下支座未有效连接导致塔机倒塌

1. 事故经过及原因分析

2022 年，某工地塔机顶升作业过程中，塔机从下支座起以上部分发生整体坠落，造成 1 人死亡，事故现场如图 1-12-12 所示。经调查和技术分析，确定事故的直接原因为在未安装标准节与下支座连接的标准销轴前，顶升作业人员擅自取掉连接爬升架与下支座的连接销轴，断开了下支座与塔身之间的有效连接，整个回转总成与塔身脱离，塔机变幅过程中，塔身以上整体结构失去平衡而坠落。

图 1-12-12　事故现场

2. 现场防范措施及建议

（1）顶升作业前必须检查爬升架与下支座的连接是否可靠有效。

（2）顶升作业全过程中爬升架与下支座的连接部件严禁拆卸；确需要拆卸时，则要停止顶升作业且必须在下支座与塔身标准节连接可靠后才能拆卸。

（3）在顶升作业过程中，爬升架与下支座四角处的连接螺栓或销轴必须全部连接可靠。

案例七　顶升销轴未插到正常工作位置导致塔机倒塌

1. 事故经过及原因分析

2023年,某项目工程塔机在安装作业过程中发生倒塌事故,事故现场如图1-12-13所示,造成6人死亡、4人受伤,直接经济损失1134万余元。

图 1-12-13　事故现场

经调查分析,顶升作业人员在塔吊左侧顶升销轴未插到正常工作位置,使该销轴的前端锥度位置受挤压,处于非正常受力工作状态下,并采用千斤顶调整左侧固定轭杆与顶升梯的孔位偏差,造成左侧异常承重的顶升销轴发生轴向位移、脱出,塔身上部所有荷载全部由右顶升销轴和右换步销轴承担,导致塔吊上部结构因失去左侧支承,在重力作用下向下墩坐、坍塌。

具体分析如下:

(1)销轴孔发生椭圆变形、撕裂。塔吊左顶升销轴对应的活动桅杆外腹板销轴孔与顶升梯销轴孔均发生了椭圆变形,顶升梯孔局部有撕裂痕迹(图1-12-14、图1-12-15)。

(2)右侧顶升销轴处活动桅杆、顶升梯销轴孔形变(图1-12-16、图1-12-17)。

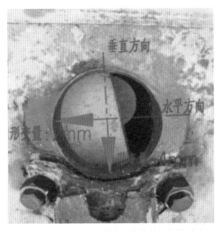

图 1-12-14　左侧活动桅杆内外腹板销轴孔变形形貌

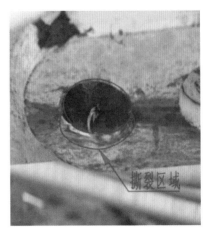

图 1-12-15　左侧顶升梯孔撕裂局部放大图

图 1-12-16　右侧活动桅杆外腹板孔塑性变形

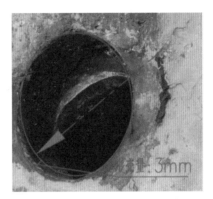

图 1-12-17　右侧活动桅杆处顶升梯销轴孔边塑性变形

2. 现场防范措施及建议

（1）施工单位应编制针对性强、可操作的塔机安拆专项施工方案；作业时，现场作业人员严格按照专项施工方案、操作规程施工。

（2）作业前，对作业人员应进行专项施工方案和安全技术交底，让作业人员熟悉该类型塔机的顶升原理、重大操作风险及应对措施。

（3）加强作业人员的安全生产教育培训，加强对塔机安全风险的认知，熟悉危险因素和防范措施，加强应急处置能力。

（4）顶升时，指定专人检查顶升横梁、挂靴是否正确安装就位；顶升横梁就位后，应插上防脱安全销，确保符合安全状态方可继续作业。

第十三章　降节作业

塔机降节作业与顶升作业同属安全事故高发阶段。降节作业过程中，作业环境复杂，对安装作业人员责任心、专业技术要求高，因此在作业过程中要杜绝盲目施工与违章作业。安装单位应加强作业人员专业技术与安全教育培训，提高作业人员判辨风险、识别隐患、解决问题和防范事故的能力。

一、降节流程及技术要点

（一）降节作业流程

降节作业流程：设置安全防护区域→降节前检查→顶升配平→标准节拆卸→下降爬升架→标准节放至地面。

（二）技术要点

1. 设置安全防护区域

降节前，须在塔机活动范围内，设置安全防护区域，并有专人监护。

2. 降节前的检查

（1）塔机运转正常，塔身周围不能有障碍物。

（2）检查顶升油缸、爬升架连接销轴、顶升横梁销轴、爬爪（挂靴）、顶升专用销等部件齐全、无变形、无可见裂纹。

（3）液压站油位合理，油路完好及正确连接，液压电机正常运转，声音正常。

（4）引进梁、引进小车已就位。

（5）导向轮齐全有效，导向轮与塔身主弦杆间隙基本相同，单边间隙应为

2 ～ 5mm。

（6）起重臂方向与推出标准节方向一致，回转机构制动器能锁住起重臂不动。

（7）安全装置齐全有效。

（8）对选用的钢丝绳、卸扣等吊装索具，按照规定检验确认符合要求。

3. 顶升配平中的技术要点

（1）将爬升架升至塔身顶部，并与回转下支座或过渡节等部位正确连接。

（2）将起重臂回转到标准节的引进方向（即爬升架开口方向），并锁死回转机构。

（3）按塔机说明书要求配平。

（4）顶升横梁应位于标准节踏步上，并插好防脱销。

（5）拆下用于连接塔身顶节和回转下支座或过渡节等部位的连接件。

（6）操作液压顶升系统将爬升架升起，直到回转下支座或过渡节等部位的支脚脱离塔身节约 20mm。

（7）检查回转下支座或过渡节等部位的支脚和塔身主弦杆是否对齐，找到准确的配平位置。

（8）检查液压站压力表显示值是否符合顶升额定压力要求，检查配平位置是否正确。

（9）严禁在未配平的情况下，拆除塔身与回转下支座或过渡节等部位的连接。

4. 标准节拆卸要点

（1）配平后爬升架的爬爪（挂靴）通过防脱销锁止在塔身踏步上。

（2）安装好引进装置，拆除连接该标准节与其下标准节的连接件，并将扶梯拆开。

（3）油缸继续向上顶升，直至标准节从固定塔身中脱离，然后将爬升架爬爪锁在塔身踏步上。

（4）将标准节引进小车连同标准节一起移出爬升架，推出时切不可用力过猛，以免标准节冲出引进梁而倾翻。

（5）在标准节已拆除，但下支座与塔身还未用高强度螺栓或销轴连接前，严禁回转、变幅和起升。

（6）严禁推出一个标准节后，塔身标准节与下支座或过渡节之间的 4 个安全螺栓（销轴）均未插入或只部分插入就进行下一拆除步骤。

5. 下降爬升架

（1）启动顶升油缸，慢慢下降，将爬升架上的换步装置抬起，不能与标准节的踏步接触，直至爬升架上的换步装置能挂在标准节踏步上并锁止；再将顶升横梁伸至下一踏步上用防脱销锁止，按照以上步骤循环，继续下降爬升架。

（2）按说明书要求，油缸伸缩直至回转下支座与标准节接近 20mm 时停止，观察是否错位，如果错位，严禁用小车调整。

（3）最后一次下降爬升架后，将塔身与回转下支座连接紧固。当天未拆除完毕时，下班前应将回转下支座与标准节连接固定牢固，将吊钩升起，严禁下班前不连接固定。

6. 降节作业时，必须有专人指挥，专人操作液压系统，专人拆卸连接件

二、降节作业现场常见问题及隐患

（1）顶升横梁未插防脱销，如图 1-13-1 所示。

图 1-13-1　顶升横梁未插防脱销

（2）标准节踏步变形，如图 1-13-2 所示。

图 1-13-2　标准节踏步变形

（3）油缸漏油，如图 1-13-3 所示。

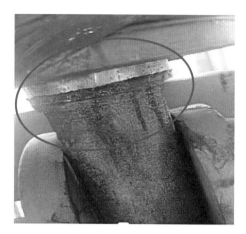

图 1-13-3　油缸漏油

（4）液压站油位过低，如图 1-13-4 所示。

图 1-13-4　液压站油位过低

（5）油管破损，如图 1-13-5 所示。

图 1-13-5　油管破损

（6）液压油表未标定，如图 1-13-6 所示。

图 1-13-6　液压油表未标定

三、事故案例分析

案例一　顶升横梁轴头脱出造成蹲塔事故

1. 事故经过及原因分析

2023 年，某在建工地在塔机拆卸降节作业时发生蹲塔事故，塔机的起重臂和平衡臂折断，造成较大经济损失，事故现场如图 1-13-7 所示。经分析，事故的直接原因是降节作业时，顶升横梁两端的轴头放在标准节踏步槽后，作业人员未按操作规程要求将顶升横梁的防脱销有效插入踏步的防脱销孔中，顶升横梁两端的轴头从标准节踏步槽中脱出，造成塔机上部结构失去支撑后快速下坠，撞击在标准节上端面，冲击力将塔机的起重臂和平衡臂折断。

2. 现场防范措施及建议

降节作业时，油缸伸出前，必须确保顶升横梁两端轴头已完全准确地放入到踏步槽中，确保顶升横梁防脱销有效插入踏步的防脱销孔。

图 1-13-7　事故现场

案例二　爬升架连接销未连接导致塔机倒塌

1. 事故经过及原因分析

2022年,某公寓在建工地发生一起安全事故,造成 1 人死亡,事故现场如图 1-13-8 所示。作业人员未检查顶升部件连接状态,在未装上爬升架与回转支座的连接销轴时,提前拆除标准节与回转支座连接的销轴,在回转支座与塔身、爬升架之间未连接情况下,进行变幅作业,导致塔身以上整体结构失衡,上部结构与塔身脱离的事故。

（a）　　　　　　　　　　　　　　　　（b）

图 1-13-8　事故现场

2. 现场防范措施及建议

（1）降节作业前,检查塔机各部件连接状态。

（2）安装作业人员必须持证上岗,熟悉塔机作业流程；严格按照施工方案、操作规程及塔机使用说明书执行。

（3）安装单位应保证作业时人员配备齐全,并进行班前安全教育、技术交底。

（4）降节时,禁回转、禁变幅、禁起升,爬升架与回转支座的连接销轴须有效连接后,方可进行下一道工序。

案例三　塔机降节未有效连接导致倒塌

1. 事故经过及原因分析

2023年,某工地发生一起塔机倒塌事故。倒塌原因是安拆人员在塔机降节未完成、回转下支座与塔身未固定的情况下下塔机休息。下塔时，安拆人员没有及时告知塔机司机有关塔机回转未固定的情况且未挂警示牌。而塔机司机在不知情的情况下又进行吊装作业，最终导致了整个塔机倒塌。

2. 现场防范措施及建议

（1）降节中途暂停作业时，应保证回转支座与塔身等连接部位有效，悬挂警示牌，做好作业交接。

（2）塔机安拆作业过程中，严禁非本安拆班组作业人员上塔操作。

案例四　液压油缸失压导致塔机倾斜

1. 事故经过及原因分析

2022 年，某工地塔机降节时爬升架忽然下落，导致塔机倾斜事故。经分析，由于配平不合理，液压油管爆裂，油缸突然失压，塔机上部不平衡下降，导致塔机旋转部分倾斜。

2. 现场防范措施及建议

（1）降节前一定要按专项施工方案进行配平。

（2）降节作业前要检查顶升油缸、爬升架连接销轴、顶升横梁销轴、爬爪（挂靴）、顶升专用销等部件齐全、无变形、无可见裂纹。

（3）降节作业前要检查液压站油位是否合理，油管是否完好及正确连接。

案例五　违章反顶调平导致塔机倾斜事故

1. 事故经过及原因分析

2021 年，某工地塔机在降节降爬升架时，发生因反顶调平导致塔机回转支座倾斜到一侧的事故。经分析，塔机在顶升前没有严格按照专项施工方案配平，当降节降爬升架时，作业人员发现塔机不平衡，为了重新配平，作业人员错误地进行回转，然后反顶调平，由于塔机回转支座与塔身未有效连接，导致塔机倾斜。事故现场如图 1-13-9 所示。

图 1-13-9　事故现场

2. 现场防范措施及建议

（1）针对作业人员加强专业技能培训。

（2）严格按照相应的专项施工方案进行配平，严禁违章操作、野蛮施工。

（3）施工作业中发现异常须及时上报，采取相应的安全措施后方可进行下一步作业。

（4）降节时，禁回转、禁变幅、禁起升。

案例六　拆塔时回转下支座螺栓未可靠连接导致塔机倒塌

1. 事故经过及原因分析

2022 年，某项目工地发生一起塔机倒塌事故，造成 2 人死亡、1 人重伤、1 人轻伤。经分析，由于拆卸操作人员将拆除的标准节推出至引进平台，在回缩爬升架并准备吊下该标准节前，没有按照操作规程的要求将与回转下支座处相接触的标准节上方用螺栓重新连接，且在该标准节下方螺栓已提前拆除的情况下就开始后续操作。操作中爬升架上部位置处的塔身标准节不能承受塔机起重臂、平衡臂两端力矩差产生的水平分力，致使爬升架负载过大，塔机仰翻、坠落。

2. 现场防范措施及建议

（1）现场作业人员无论降节是否完成，在回转下支座（过渡节）与塔身没有用螺栓或销轴连接好之前，严禁进行起重臂回转、载重小车变幅和吊装作业。作业人员须严格按照施工方案、操作规程施工，严禁减少作业工序或赶工作业。

（2）安装单位现场专业技术人员对现场作业人员进行班前安全教育、技术交底。

（3）现场安全管理人员应严格落实安全生产责任制度，发现违章冒险作业行为时应及时制止。

第十四章　附着拆除

塔身拆卸时未降到规定高度前，不得先拆附着装置。拆卸作业人员应职责分工明确，坚守岗位，全神贯注地投入工作，作业人员必须做好必要的安全防护措施，防止人员高坠和高空坠物的事故发生。

一、拆除流程及技术要点

（一）附着装置拆除流程

附着装置的拆除流程：搭设安全作业平台→拆除附着拉杆→拆除附着框 / 附墙基座。

（二）技术要点

（1）必须遵循先降节、后拆除附着装置的规定。拆卸附着装置前，应先降低塔身高度（降节），确保下一道附着以上塔身高度不大于说明书的悬臂高度要求，并保证下一道附着装置处于工作状态才能拆卸该道附着装置。

（2）动火作业时，应做好防火措施。

（3）拆除附着耳板侧销轴、螺栓时必须有安全操作平台，保证操作人员有安全可靠的站位和防止脱落的措施。

二、拆除现场常见问题及隐患

（1）在塔机降节过程中，塔机还未降到规定高度时，安拆作业人员为节省时间，提前拆除附着装置。

（2）拆卸附墙过程中附墙基座位置未搭设安全作业平台。

（3）拆卸附着杆时未捆绑溜绳。

（4）拆除附着框（连接件）时未用辅具捆绑固定。

第十五章　主机拆除

塔机拆卸时，建筑物已建完，工作场地受限制，所以此时应注意工件的吊装堆放位置，安装作业人员在拆塔前应做好充分的现场准备工作。拆卸主机是一项技术性、危险性很强的工作，作业人员必须经过培训且持证上岗，塔身标准节、平衡重、平衡臂和起重臂的拆卸应严格按照使用说明书要求与操作规程执行，稍有疏忽，就会导致机毁人亡。当气象条件不符合作业要求时，应立即停止拆塔。

一、拆除流程及技术要点

（一）主机拆除流程

主机拆除的流程：拆卸部分平衡重→拆卸起重臂总成→拆卸剩余平衡重→拆卸平衡臂总成→拆卸塔顶总成→拆卸回转总成→拆卸爬升架和剩余的标准节 / 加强节和基础节。

（二）技术要点

（1）主机拆除前一定要到拆卸现场勘察，确保场内道路畅通，包括但不限于道路的宽度、坡度、转弯半径，特别要满足与本次塔机拆卸吊运相关的运输车辆及辅助起重设备对道路地基承载力的要求，保证道路不下沉，不坍塌。现场勘察结果作为本次塔机拆除方案的编制要点。

（2）根据吊装件的外形尺寸、重量及吊装时的工作幅度、高度，选择满足本次塔机拆卸的有效合格的辅助起重设备；辅助起重设备就位后，应对其机械性能和安全性能进行检查验收，合格后方可作业。

（3）整个主机拆除时，所有的吊索均符合相应安全技术规范要求；钢丝绳的规格应满足专项施工方案要求；拆除起重臂、平衡臂时，钢丝绳必须绑好相应吊点且每条钢丝绳一样长，至少在其中一端绑一条溜绳由人拉住。

（4）吊运物件时须按照辅助起重设备操作规程执行，严格遵守"十不吊"，辅助起重设备吊钩保险必须可靠有效。

（5）辅助起重设备作业时，先试吊，观察吊起物件离地 100 ~ 200mm 的状态，确保稳定，并时刻注意辅助起重设备支腿的稳固性。

（6）主机拆除的作业范围设立合理警戒区域，禁止非作业人员或车辆进入。

（7）对所拆卸塔机的结构件、机构等重要部位进行检查；连接件不得提前拧松或拆除；拆除螺栓或销轴时安拆工不能站在要拆除的构件上，而是应该站在未拆的牢固构件上。

（8）严格按照专项施工方案要求逐步进行主机拆除。

二、拆除现场常见问题及隐患

（1）不按塔机拆除程序拆除主机。

（2）塔身与回转总成未连接牢靠，就开始拆主机。

（3）吊索具安全系数不够。

（4）吊装钢丝绳角度不符合要求。

（5）吊点选择不正确。

（6）辅助起重设备站位位置地基承载力不足。

三、事故案例分析

案例一　起重臂拆卸顺序错误导致塔机倒塌

1. 事故经过及原因分析

2016 年，某项目在拆卸塔机过程中发生倒塌事故，造成 2 人死亡、2 人受伤，如图 1-15-1 所示。

经分析，现场作业人员在没有拆卸塔机任何一块平衡重的情况下，未按说明书要求依次拆卸三节起重臂，在拆卸第四节起重臂时塔机倒塌。本次事故因起重臂、平衡重拆卸顺序颠倒，致使塔顶结构杆件受到的载荷超过其极限强度，从而导致起重臂断裂坠落。

（a）   （b）

图 1-15-1　事故现场

2. 现场防范措施及建议

（1）现场施工作业前应对作业人员进行专项施工方案及安全技术交底，并严格按照专项施工方案和使用说明书要求执行。

（2）在作业现场应安排专业技术人员、专职安全员和监理进行旁站监督，发现拆卸工序错误时应及时制止。

案例二　爬升架与塔身未有效连接导致爬升架坠落

1. 事故经过及原因分析

2020 年，某项目工地在拆除塔机施工过程中，发生一起高处坠落事故，造成 3 人重伤、3 人死亡。经分析，在塔机上部结构拆除时，需拆除回转下支座与爬升架的连接，由于没有将爬升架上的爬爪或顶升横梁可靠的悬挂或支撑在标准节踏步上，就拆除爬升架和下支座的连接件，造成爬升架坠落事故。

2. 现场防范措施及建议

（1）安装作业人员须加强专业技能培训，对待拆除的塔机机型操作流程要熟悉。

（2）严格按照专项施工方案、塔机使用说明书要求及操作规程执行。

（3）拆除回转总成前，确保爬升架上的爬爪或顶升横梁可靠地悬挂或支撑在标准节踏步上。

第十六章　辅助起重设备的安全管理

塔机的安装与拆卸作业过程中一般需要使用辅助起重设备，辅助起重设备选型应根据施工场地、吊物重量、工期等实际情况综合考虑。安装作业中汽车吊（起重机）是广泛使用的辅助起重设备，若因汽车吊维护保养不当，以小代大，提供虚假检验报告，汽车吊司机、起重司索违章作业，盲目施工等将会导致安全事故频发。

一、安全管理要求

（1）根据现场空间，地质条件，结合方案确定辅助起重设备的站位（基坑内，基坑上边沿或结构板面等），施工单位应复核受力及加固措施，满足辅助起重设备支腿承载力要求。

（2）施工单位组织相关单位对辅助起重设备作业前进行检查验收。

（3）必要时施工单位应对辅助起重设备吊装过程中支腿区域沉降进行实时观测。

（4）吊装大、重构件和采用新的吊装工艺时，应先进行试吊，确认无问题后，方可正式起吊。

（5）进行吊装作业前，须对辅助起重设备进行检查合格并合理选择吊索具，吊索具应符合相关标准。

（6）须提前对作业场地清理，设置警戒区域，无关人员不能入内。

（7）如占用交通要道施工，须提前与交管部门办好占道许可证，并派专人值守，挂好安全警示标志。

二、常见问题及隐患

（1）汽车吊起吊时，由于支腿下沉，导致吊车倾翻，如图 1-16-1 所示。

　　（a）　　　　　　　　　　（b）　　　　　　　　　（c）

图 1-16-1　支腿下沉，导致吊车倾翻

（2）汽车吊吊运构件时，超载引起吊车倾翻，如图 1-16-2 所示。

　　　　　　（a）　　　　　　　　　　　　　　（b）

图 1-16-2　超载引起吊车倾翻

（3）汽吊车站位不正确，吊车支腿站位于斜坡导致倾翻事故，如图 1-16-3 所示。

图 1-16-3　吊车站位不正确

（4）枕木排列不紧凑，如图 1-16-4 所示。

图 1-16-4　枕木排列不紧凑

（5）未垫枕木，如图 1-16-5 所示。

图 1-16-5　未垫枕木

（6）枕木与支腿接触面积不足，如图 1-16-6 所示。

图 1-16-6　枕木与支腿接触面积不足

三、事故案例分析

案例一　塔机拆除时汽车吊倾翻事故

1. 事故经过及原因分析

2023 年，某工地用汽车吊吊起重臂拆除塔机时，汽车吊倾翻造成塔机倒塌，致 2 人死亡。经分析，现场汽车吊因支腿下沉造成汽车吊倾翻，导致起重臂坠落。事故现场如图 1-16-7 所示。

图 1-16-7　事故现场

2. 现场防范措施及建议

（1）塔机拆除前一定要勘察作业现场，确定好辅助起重设备的站位；地基承载力要满足辅助起重设备说明书对地基的要求并进行空载试运转。

（2）辅助起重设备严禁超载，并由专人监测支腿状况。

（3）吊装作业前对辅助起重设备操作人员进行安全技术交底。

案例二　汽车吊吊索断裂的事故

1. 事故经过及原因分析

某项目安装一台塔机时，安装作业人员（未系安全带）使用汽车吊所带 $\Phi 12.5$ 的钢丝绳作为吊索，使用前未对钢丝绳进行抗拉强度计算，将塔机平衡臂吊离地面 18.5m 安装高度后，安装平衡臂根部销轴，随后起升汽车吊吊钩，计划将尾端翘起，使得平衡臂有一定的倾斜角度，安装平衡臂拉杆。在起升的过程中，由于四根钢丝绳受力不均，造成后端两根钢丝绳断裂，平衡臂失稳砸向塔身，造成 2 人死亡。

2. 现场防范措施及建议

（1）严格执行塔机相应说明书要求，吊索要按规定的安全系数选用。

（2）严格遵守安全生产制度和安全操作规程，高空作业必须系好安全带，戴好安全帽。

案例三　汽车吊设置的工况与实际工况不符导致的事故

1. 事故经过及原因分析

2023 年，某项目 1 号厂房工程拆卸塔机的过程中，用于吊装作业的汽车吊发生倾覆，汽车吊起重臂砸中塔机，造成 2 人死亡。当时汽车吊实际配重为 53t，汽车吊司机为满足系统工况要求两次更改配重重量，如图 1-16-8 所示。在吊运塔机爬升架时，汽车吊发生倾覆，随之倒塌的起重臂砸中塔身，正在塔机上作业的两名安拆工从塔机上坠落至地面死亡，事故现场如图 1-16-9 所示；经分析，汽车吊司机设置的工况与实际工况不符，造成汽车吊发生倾覆、起重臂砸中塔机导致两名工人死亡，是本次事故发生的根本原因。

数据时间	最大起重	高度(m)	幅度(m)	吊臂长度	吊臂角度	配重(T)
2023-8-2 11:51	10.1	55.2	49.3	72.3	48.2	88
2023-8-2 11:50	10	55.1	49.3	72.3	48.3	88
2023-8-2 11:50	9.7	54.7	49.8	72.3	47.7	88
2023-8-2 11:49	9.5	54.2	50.3	72.3	47.1	88
2023-8-2 11:49	5.2	54.5	50	72.3	47.2	58
2023-8-2 11:48	5.8	55.8	48.7	72.3	48.8	58
2023-8-2 11:48	8.7	60.4	43.5	72.3	54.1	58

图 1-16-8　监控系统中配重调整数据

2. 现场防范措施及建议

（1）辅助起重设备进场前应进行验收，其选型及实际工况应满足施工要求，起重能力要大于所吊构件的重量且符合安全要求。

（2）汽车吊司机严禁私自修改操控系统中的工况数据，汽车吊严禁超载使用。

（3）严格按专项施工方案执行。

（4）作业时，应当安排专人进行现场安全管理。

（5）作业人员严格执行安全生产规章制度和安全操作规程。

（a）　　　　　　　　　　（b）

（c）　　　　　　　　　　（d）

图 1-16-9　事故现场

第十七章　安装作业过程中各主体责任单位的安全管控要点

塔机安装 (拆卸) 作业中，出租单位、专业分包单位 (安装单位)、使用单位、施工总承包单位、监理单位、建设单位等主要责任主体，以及安装 (拆卸) 单位项目负责人、现场技术负责人、现场专职安全生产管理人员、作业班组长、安装 (顶升、拆卸) 作业人员、塔机司机和建筑起重信号司索工、专职设备管理人员、监理等关键岗位，必须严格执行《建筑起重机械安全监督管理规定》(建设部令第 166 号)、《建筑施工塔式起重机安装、使用、拆卸安全技术规程》JGJ 196—2010 及《塔式起重机安装、拆卸与爬升规则》GB/T 26471—2023、《建设工程安全生产管理条例》(国务院令第393 号) 等及省市级关于建筑起重设备安全管理的相关规定，履行各自的安全职责及管控要点，认真落实，严格实施、监管。

一、出租单位安全职责及安全管控要点

（一）安全职责

根据《建筑起重机械安全监督管理规定》（建设部令第 166 号），出租单位的安全职责如下：

第四条　出租单位出租的建筑起重机械和使用单位购置、租赁、使用的建筑起重机械应当具有特种设备制造许可证、产品合格证、制造监督检验证明。

第五条　出租单位在建筑起重机械首次出租前，自购建筑起重机械的使用单位在建筑起重机械首次安装前，应当持建筑起重机械特种设备制造许可证、产品合格证和制造监督检验证明（2014 年后出厂不要求）到本单位工商注册所在地县级以上地方人民政府建设主管部门办理备案。

第六条　出租单位应当在签订的建筑起重机械租赁合同中，明确租赁双方的安全责任，并出具建筑起重机械特种设备制造许可证、产品合格证、制造监督检验证明

（2014年后出厂不要求）、备案证明和自检合格证明，提交安装使用说明书。

第七条 有下列情形之一的建筑起重机械，不得出租、使用：

（一）属国家明令淘汰或者禁止使用的；

（二）超过安全技术标准或者制造厂家规定的使用年限的；

（三）经检验达不到安全技术标准规定的；

（四）没有完整安全技术档案的；

（五）没有齐全有效的安全保护装置的。

第八条 建筑起重机械有本规定第七条第（一）、（二）、（三）项情形之一的，出租单位或者自购建筑起重机械的使用单位应当予以报废，并向原备案机关办理注销手续。

第九条 出租单位、自购建筑起重机械的使用单位，应当建立建筑起重机械安全技术档案。

建筑起重机械安全技术档案应当包括以下资料：

（一）购销合同、制造许可证、产品合格证、制造监督检验证明（2014年后出厂不要求）、安装使用说明书、备案证明等原始资料；

（二）定期检验报告、定期自行检查记录、定期维护保养记录、维修和技术改造记录、运行故障和生产安全事故记录、累计运转记录等运行资料；

（三）历次安装验收资料。

（二）安全管控要点

（1）与使用单位签订起重机械租赁合同，明确双方的安全生产责任。

（2）提供建筑起重机械特种设备制造许可证、产品合格证、制造监督检验证明（2014年后出厂不要求）、备案证明和自检合格证明，并提交安装使用说明书。

（3）提供符合安全使用要求的起重机械设备及构配件，各部件须有可追溯性的标识。

（4）参加使用单位组织的起重机械设备安装验收，并签字确认。

二、专业分包单位（安装单位）安全职责及安全管控要点

（一）安全职责

根据《建筑起重机械安全监督管理规定》（建设部令第166号），专业分包单位（安装单位）的安全职责如下：

第十条 从事建筑起重机械安装、拆卸活动的单位（以下简称安装单位）应当依法取得建设主管部门颁发的相应资质和建筑施工企业安全生产许可证，并在其资质许可范围内承揽建筑起重机械安装、拆卸工程。

第十二条 安装单位应当履行下列安全职责：

（一）按照安全技术标准及建筑起重机械性能要求，编制建筑起重机械安装、拆卸工程专项施工方案，并由本单位技术负责人签字；

（二）按照安全技术标准及安装使用说明书等检查建筑起重机械及现场施工条件；

（三）组织安全施工技术交底并签字确认；

（四）制定建筑起重机械安装、拆卸工程生产安全事故应急救援预案；

（五）将建筑起重机械安装、拆卸工程专项施工方案，安装、拆卸人员名单，安装、拆卸时间等材料报施工总承包单位和监理单位审核后，告知工程所在地县级以上地方人民政府建设主管部门。

第十三条 安装单位应当按照建筑起重机械安装、拆卸工程专项施工方案及安全操作规程组织安装、拆卸作业。

第十四条 建筑起重机械安装完毕后，安装单位应当按照安全技术标准及安装使用说明书的有关要求对建筑起重机械进行自检、调试和试运转。

（二）安全管控要点

（1）项目负责人和安全负责人、机械管理人员应持有安全生产考核合格证书，持证上岗，人证合一。

（2）塔式起重机安装拆卸工、塔式起重机司机、建筑起重信号司索工、电工等特种作业操作人员应具有建筑施工特种作业操作资格证书，持证上岗，人证合一。

（3）安装单位应针对本次安拆塔机的工作原理、重大操作风险、对策措施等方面对作业人员开展操作技能与安全培训。

（4）安装单位对作业人员进行安全教育培训并组织安全施工技术交底并签字确认。

（5）方案编制人员或项目技术负责人应当在安拆施工作业前，对施工现场管理人员进行方案交底。

（6）拆卸作业前对拆卸人员所使用的工具、安全带、安全帽等进行检查，不合格者立即更换；进入现场的作业人员必须正确穿戴安全帽、防滑鞋、安全带等防护用品；作业人员工作时应正确系挂安全带，并应遵守高处作业有关安全操作的规定。

（7）在安装、拆卸作业期间应设警戒区，并设专人看守，要求做好防坠落措施，严防高空坠物，要求无关人员一律不得入内。

（8）安拆作业人员遵照的原则

①熟悉塔机的性能，并严格按照说明书及专项施工方案中所规定的安拆作业程序进行作业，严禁对规定的安拆作业程序进行擅自改动；熟知塔机各部件相连接处所采用的连接形式和所使用连接件的规格型号及安装规范要求；熟知每个拆卸部件的重量和吊点位置。

②作业过程中，安拆作业人员必须对所使用的机械设备和工具的性能及操作规程全面熟悉，并严格按规定使用。

③安拆作业人员应分工明确、职责清楚；作业时，安拆作业人员要严格按照相关单位和技术人员批准的《建筑起重机械安装、拆卸工程专项施工方案》进行施工；作业过程中，当发现异常情况或疑难问题时，应及时向技术负责人反映，防止自行处理不当而造成事故。

④安拆作业中应统一指挥，指挥人员应熟悉安拆顶升作业方案，遵守拆卸工艺和操作规程，使用明确的指挥信号，当视线受阻，距离过远时，应采用对讲机或多级指挥；所有参与安拆作业的人员，都应听从指挥，如发现指挥信号不清或有错误时，应停止作业，待联系清楚后再进行下一步工序。

（9）塔机的拆卸作业应在白天进行，特殊情况需在夜间作业时，应有充分的照明；当遇大风、浓雾和雨雪等恶劣天气时，应停止作业。

（10）在拆卸作业过程中，当遇天气剧变、突然停电、机械故障等意外情况发生，短时间不能继续作业时，必须使已拆卸的部位达到稳定状态并固定牢靠，经检查确认无隐患后，方可停止作业；在安装或拆卸带有起重臂和平衡臂的塔机时，严禁只拆卸一个臂就中断作业。

（11）在拆除因损坏或其他原因而不能用正常方法拆卸塔机时，须编制专项拆卸方案，并按相关要求组织专家论证。

（12）附着装置施工应严格按审核批准的专项施工方案进行施工，特殊附着方案应根据相应规范及管理规定进行专家论证。

三、使用单位的安全职责及安全管控要点

（一）安全职责

根据《建筑起重机械安全监督管理规定》（建设部令第166号），使用单位的安全职责如下：

第十一条　建筑起重机械使用单位和安装单位应当在签订的建筑起重机械安装、拆卸合同中明确双方的安全生产责任。

第十八条　使用单位履行下列安全职责

（一）根据不同施工阶段、周围环境以及季节、气候的变化，对建筑起重机械采取相应的安全防护措施；

（二）制定建筑起重机械生产安全事故应急救援预案；

（三）在建筑起重机械活动范围内设置明显的安全警示标志，对集中作业区做好安全防护；

（四）设置相应的设备管理机构或者配备专职的设备管理人员；

（五）指定专职设备管理人员、专职安全生产管理人员进行现场监督检查；

（六）建筑起重机械出现故障或者发生异常情况的，立即停止使用，消除故障和事故隐患后，方可重新投入使用。

第十九条　使用单位应当对在用的建筑起重机械及其安全保护装置、吊具、索具等进行经常性和定期的检查、维护和保养，并做好记录。

建筑起重机械租赁合同对建筑起重机械的检查、维护、保养另有约定的，从其约定。

第二十条　建筑起重机械在使用过程中需要附着的，使用单位应当委托原安装单位或者具有相应资质的安装单位按照专项施工方案实施，并按照本规定第十六条规定组织验收。验收合格后方可投入使用。

建筑起重机械在使用过程中需要顶升的，使用单位委托原安装单位或者具有相应资质的安装单位按照专项施工方案实施后，即可投入使用。

（二）安全管控要点

（1）经安装单位自检合格后，委托具有相应资质的检验检测机构进行检测检验，并出具检验合格报告，使用单位应当组织出租、安装、监理等有关单位进行验收。

（2）编制安全生产使用应急预案，群塔作业防碰撞方案，防台风应急预案并严格执行。

（3）使用单位给安装单位留出充足连续的作业时间。

（4）塔机司机和信号司索工应持证上岗。

（5）使用单位应与安装单位签订维保协议，明确双方安全责任。

四、施工总承包单位的安全职责及安全管控要点

（一）安全职责

根据《建筑起重机械安全监督管理规定》（建设部令第166号），施工总承包单位的安全职责如下：

第十二条　实行施工总承包的，施工总承包单位应当与安装单位签订建筑起重机械安装、拆卸工程安全协议书。

第二十一条　施工总承包单位应当履行下列安全职责：

（一）向安装单位提供拟安装设备位置的基础施工资料，确保建筑起重机械进场安装、拆卸所需的施工条件；

（二）审核建筑起重机械的特种设备制造许可证、产品合格证、备案证明等文件；

（三）审核安装单位、使用单位的资质证书、安全生产许可证和特种作业人员的特种作业操作资格证书；

（四）审核安装单位制定的建筑起重机械安装、拆卸工程专项施工方案和生产安全事故应急救援预案；

（五）审核使用单位制定的建筑起重机械生产安全事故应急救援预案；

（六）指定专职安全生产管理人员监督检查建筑起重机械安装、拆卸、使用情况；

（七）施工现场有多台塔式起重机作业时，应当组织制定并实施防止塔式起重机相互碰撞的安全措施。

（二）安全管控要点

（1）负责编制基础专项施工方案并实施。

（2）与安装（拆卸）单位签订安全协议书，明确双方的安全生产责任。

（3）向安装（拆卸）单位提供安装（拆卸）所需施工资料，确保安装（拆卸）所需施工条件。

（4）审查安装（拆卸）专项施工方案、应急救援预案，按照规定组织安全施工专项方案论证。

（5）审核安装（拆卸）单位资质证书、安全生产许可证，以及项目负责人、专职安全员安全生产考核合格证书、特种作业人员操作资格证书。

（6）审核塔机备案证明、安装（拆卸）告知等文件，参加设备进场验收，核验设备身份，禁止擅自安装非原制造厂制造的标准节和附着装置。

（7）审核辅助起重机械资料及特种作业人员证书。

（8）监督或参加安装（拆卸）专项施工方案技术交底、安全技术交底和班前安全教育。

（9）协助安装（拆卸）单位建立警戒区域、设置警示标志，禁止雨雪、浓雾、大风、夜间照明不足等情况下作业。

（10）指定专职安全员、机械管理员现场监督检查安装（拆卸）作业情况。

（11）监督进入现场的作业人员必须佩戴安全帽、防滑鞋、安全带、反光衣等个人防护用品。

（12）经安装单位自检合格后，委托具有相应资质的检验检测机构进行检测检验，并出具检验合格报告，总包单位应当组织出租、安装、监理等有关单位进行验收。

五、监理单位的安全职责及安全管控要点

（一）安全职责

根据《建筑起重机械安全监督管理规定》（建设部令第166号），监理单位的安全职责如下：

第二十二条　监理单位应当履行下列安全职责：

（一）审核建筑起重机械特种设备制造许可证、产品合格证、备案证明等文件；

（二）审核建筑起重机械安装单位、使用单位的资质证书、安全生产许可证和特种作业人员的特种作业操作资格证书；

（三）审核建筑起重机械安装、拆卸工程专项施工方案；

（四）监督安装单位执行建筑起重机械安装、拆卸工程专项施工方案情况；

（五）监督检查建筑起重机械的使用情况；

（六）发现存在生产安全事故隐患的，应当要求安装单位、使用单位限期整改，对安装单位、使用单位拒不整改的，及时向建设单位报告。

（二）安全管控要点

（1）核查合同关系。

（2）检查安装（拆卸）单位专项资质。

（3）核查审批基础、安装（拆卸）专项施工方案。

（4）核查操作人员持上岗位证及劳动关系情况。

（5）核查各级岗位人员到岗位情况。

（6）询查操作人员对安装、拆卸程序和应急措施熟悉、应知应会情况。

（7）检查安装、拆卸准备工作就绪情况。

（8）检查安全防护措施落实到位情况。

（9）做好安装、拆卸过程中的监理巡查、旁站监理工作。

（10）做好安全监理记录。

（11）督促、参加承包单位及时进行各环节验收工作。

（12）及时整理安装、拆卸施工资料和监理资料。

六、建设单位的安全职责及安全管控要点

（一）安全职责

根据《建设工程安全生产管理条例》（国务院令第393号），建设单位的安全职责如下：

第六条　建设单位应当向施工单位提供施工现场及毗邻区域内供水、排水、供电、供气、供热、通信、广播电视等地下管线资料，气象和水文观测资料，相邻建筑物

和构筑物、地下工程的有关资料，并保证资料的真实、准确、完整。

建设单位因建设工程需要，向有关部门或者单位查询前款规定的资料时，有关部门或者单位应当及时提供。

第七条　建设单位不得对勘察、设计、施工、工程监理等单位提出不符合建设工程安全生产法律、法规和强制性标准规定的要求，不得压缩合同约定的工期。

第八条　建设单位在编制工程概算时，应当确定建设工程安全作业环境及安全施工措施所需费用。

第九条　建设单位不得明示或者暗示施工单位购买、租赁、使用不符合安全施工要求的安全防护用具、机械设备、施工机具及配件、消防设施和器材。

第十条　建设单位在申请领取施工许可证时，应当提供建设工程有关安全施工措施的资料。

依法批准开工报告的建设工程，建设单位应当自开工报告批准之日起 15 日内，将保证安全施工的措施报送建设工程所在地的县级以上地方人民政府建设行政主管部门或者其他有关部门备案。

（二）安全管控要点

（1）群塔防碰撞专项方案编制时，施工单位编制、审批，并经由监理单位审核（涉及同一场地内平行施工或相邻施工存在交叉作业时，须要求建设单位组织协调）。

（2）对项目部相邻项目（非同一建设单位）塔机作业时可能发生的干涉，由双方的建设单位协调、监理单位见证、使用单位应签署《塔机防碰撞安全管理协议》，协议明确双方各自的安全管理责任、联系人及联系方式，做好塔式起重机司机和建筑起重信号司索工群塔作业安全技术交底。

（3）落实建设工程安全作业条件，及时落实安全施工措施费用。

（4）建设单位应当向施工单位提供施工现场有关资料，并保证资料的真实、准确、完整。

（5）建设工程有需要时，建设单位负责与有关部门或者单位沟通协调。

七、事故案例分析

案例一 "游击队"安拆工违规操作导致的倒塌

1. 事故经过及原因分析

2022年，某项目工人在拆除塔机时，未拆除平衡重就拆起重臂，从而发生塔机倾翻安全事故，致1人死亡、1人受伤。经调查分析，本次事故是典型的监管不到位，"游击队"安拆工违规操作造成的安全事故。在塔机拆除前，安拆队伍是由某安装公司一班长临时叫了几个"打散工"的安装工组建。降完节后，该班长要回原公司上班，由剩下的几个"打散工"的安拆工继续拆主机部分。因这几个安拆工不懂这台塔机的拆除流程，在未按说明书要求拆除相应平衡重的情况下直接拆除起重臂，造成塔机严重失衡倾覆，事故现场如图1-17-1所示。

图 1-17-1 事故现场

2. 现场防范措施及建议

（1）塔机拆除必须是有资质的安装公司承接施工；按照流程办理安装告知手续，作业人员持有效特种作业操作证上岗、人证合一。

（2）安装单位专业技术负责人、专职安全员进行专项方案和安全技术交底时，须全程旁站监督，发现违规行为及时制止。

（3）安拆工必须严格遵守操作安全规程、按专项施工方案的拆除程序逐步拆除塔机。

（4）施工单位、监理单位须监管到位，尽职尽责。

（5）严禁资质挂靠和外借"游击队"上岗。

案例二　各主体责任单位未尽职履责导致塔机倒塌

1. 事故经过及原因分析

某工程施工单位与某私人劳务队签订承包合同，将该工程进行了整体发包。该工程的监理通过伪造、使用某监理公司的技术专用章（不能作为合同、协议用章）承揽到此项工程的监理任务。

事发当日，塔机司机（无塔机操作资格证）操作塔机向作业面吊运混凝土。当装有混凝土的料斗（重约700kg)吊离地面时，发现吊绳绕住了料斗上部的一个边角，于是将料斗下放。在料斗下放过程中塔身前后晃动，随即塔机倾倒，塔机起重臂砸到了相邻的幼儿园内，造成惨剧。经分析，塔机塔身第三标准节的主弦杆有一根由于长期疲劳已经断裂；同侧另一根主弦杆存在旧有疲劳裂纹。

2. 现场防范措施及建议

（1）塔机出租单位应提供安全合格的设备。

（2）使用单位塔机操作人员须经专业培训，持证上岗。

（3）安装单位、施工总承包单位、监理单位应在资质许可范围内承揽业务，严禁违法分包、挂靠和伪造资质。

（4）塔机的回转半径范围覆盖毗邻的街道、学校、工厂等区域，应采取安全防范措施。塔机安装和使用中，安装单位和使用单位应对钢结构的关键部位进行检查和验收。及时发现重大隐患并进行整改措施。

第二篇

使用过程安全管理

Tower crane

塔机日常使用中，须严格按照相关说明书和操作规程的要求，对设备及时进行检查和维护保养，保证塔机安全运行。在检查和维护保养过程中，常见问题及隐患包括结构件损坏、安全装置失效、机构故障、电控系统故障、绳轮系统故障及其他故障。

第一章　结构件检查和维保常见问题

　　塔机结构件主要由钢结构件组成，在使用中有可能出现焊缝裂纹、结构变形、锈蚀、破损等情况，若疏于检查和维保则会导致安全事故的发生。

一、结构件检查和维保要点

1. 塔机主要承载结构件的检查和维保

　　对存在裂纹、塑性变形缺陷、严重腐蚀或磨损等的主要承载结构件（如塔身结构、附着装置、爬升架、顶升机构、回转总成、回转塔身、司机室、塔顶、平衡臂、起重臂、拉杆、起升机构、变幅机构、回转机构、行走机构等）进行检查、修复或更换。

2. 塔机结构连接件的检查和维保

　　（1）结构件采用销轴连接时，其规格及数量应符合使用说明书的要求。销轴不得有缺件、可见裂纹、严重磨损等缺陷，其轴向定位装置应规范、可靠。

　　（2）主要受力结构件的螺栓连接部位应采用高强度螺栓，高强度螺栓应有性能等级标志，其规格型号及数量应符合使用说明书的要求，且无缺件、裂纹等缺陷。高强度螺栓连接时应采用扭矩扳手或专用扳手，按照装配技术要求连接。

3. 塔身组成的检查和维保

　　确认基础节、加强节、标准节安装连接符合说明书规定，不同厂家、不同型号标准节不得混装使用。

4. 附着装置的检查和维保

　　确保附着装置的结构形式、水平距离、垂直间距符合使用说明书规定，防台风期间还需符合防台风使用说明书的规定；检查建筑物附着位置连接可靠、无裂纹。

5. 爬升架的检查和维保

确认爬升架与回转支座的可靠连接。

6. 回转塔身的检查和维保

确保回转塔身与回转支座、起重臂、平衡臂、塔顶的安装连接符合使用说明的规定。

7. 塔顶的检查和维保

确认塔顶安装连接符合使用说明书要求。

8. 平衡臂的检查和维保

确保平衡重应有准确、清晰的重量标识，其安装位置及数量应与说明书要求相符；平衡臂组合、平衡重的配置与起重臂长相匹配，固定可靠；平衡重块之间不互相撞击，无碎裂、平衡重减少后空隙可靠封闭。

9. 起重臂的检查和维保

确保拉杆组合与臂长组合相匹配，起重臂及拉杆安装连接符合说明书要求；起重臂的托绳轮转动灵活；臂节组合与平衡重相匹配、组装顺序及风挡设置符合使用说明书要求；起重臂斜腹杆与变幅小车间无相互碰撞、摩擦现象。

10. 塔机现场的整理

对塔机的平台、通道等地方杂物清理，确保塔机上无可能造成高处坠落风险的杂物；检查各休息平台、直梯、护栏等，确保安全可靠。

二、常见问题及隐患

（一）结构件之间的连接装配隐患

（1）标准节连接螺栓螺母松动，如图 2-1-1 所示。

（a）　　　　　　　　　　　（b）

图 2-1-1　标准节连接螺栓螺母松动

（2）标准节锁销漏装开口销，如图 2-1-2 所示。

图 2-1-2　标准节锁销漏装开口销

（3）回转支承螺母锈蚀，如图 2-1-3 所示。

图 2-1-3　回转支承螺母锈蚀

（4）回转支承连接螺栓松动，如图 2-1-4 所示。

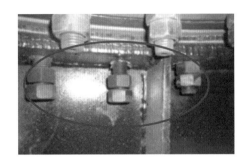

图 2-1-4　回转支承连接螺栓松动

（5）起重臂连接销轴卡板脱落，如图 2-1-5 所示。

图 2-1-5　起重臂连接销轴卡板脱落

（6）引进平台螺栓松动，如图 2-1-6 所示。

图 2-1-6　引进平台螺栓松动

（二）结构件损坏

（1）起重臂斜腹杆弯曲变形，如图 2-1-7 所示。

图 2-1-7　起重臂斜腹杆弯曲变形

（2）起重臂下弦杆变形，如图 2-1-8 所示。

图 2-1-8　起重臂下弦杆变形

（三）结构件的锈蚀隐患

（1）塔帽主弦杆锈蚀变形，如图 2-1-9 所示。

图 2-1-9　塔帽主弦杆锈蚀变形

（2）起重臂腹杆锈蚀，如图 2-1-10 所示。

图 2-1-10　起重臂腹杆锈蚀

（3）回转支承母材、连接螺栓锈蚀严重，如图 2-1-11 所示。

图 2-1-11　回转支承母材、连接螺栓锈蚀严重

（四）结构件的焊接隐患

（1）标准节螺栓套焊缝开裂，如图 2-1-12 所示。

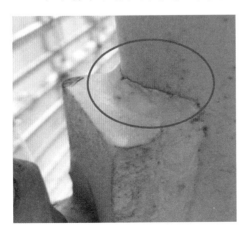

图 2-1-12　标准节螺栓套焊缝开裂

（2）标准节斜腹杆焊缝开裂，如图 2-1-13 所示。

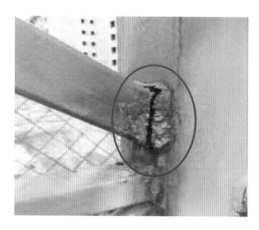

图 2-1-13　标准节斜腹杆焊缝开裂

（3）起重臂斜腹杆焊缝开裂，如图 2-1-14 所示。

图 2-1-14　起重臂斜腹杆焊缝开裂

（4）结构件裂纹，如图 2-1-15 所示。

图 2-1-15　结构件裂纹

（5）爬升架腹杆开裂，如图 2-1-16 所示。

图 2-1-16　爬升架腹杆开裂

（6）起重臂下弦杆焊缝开裂，如图 2-1-17 所示。

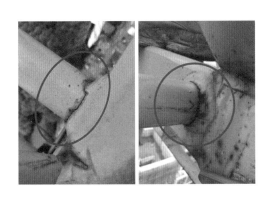

图 2-1-17　起重臂下弦杆焊缝开裂

（7）起重臂下弦杆私自焊接，如图 2-1-18 所示。

图 2-1-18　起重臂下弦杆私自焊接

（五）爬梯、平台、护栏等安全隐患

（1）爬梯护栏断裂、变形，如图 2-1-19 所示。

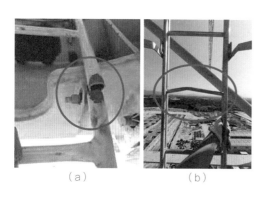

（a）　　　　　　（b）

图 2-1-19　爬梯护栏断裂、变形

（2）平台护栏未固定，如图 2-1-20 所示。

图 2-1-20　平台护栏未固定

（3）附着装置安装缺少安全操作平台，如图 2-1-21 所示。

图 2-1-21　附着装置安装缺少安全操作平台

（4）塔机最上一道附着维修通道缺少临边防护，如图 2-1-22 所示。

图 2-1-22　缺少临边防护

（5）塔机电阻箱处未安装围栏，如图 2-1-23 所示。

图 2-1-23　塔机电阻箱处未安装围栏

（6）塔机后平衡臂防护围栏缺失，如图 2-1-24 所示。

图 2-1-24　塔机后平衡臂防护围栏缺失

（六）附着装置隐患

（1）附着框连接螺栓松动，如图 2-1-25 所示。

图 2-1-25　附着框连接螺栓松动

（2）附着预埋装置连墙件无防护，水泥覆盖严重，如图 2-1-26 所示。

图 2-1-26　连墙件无防护，水泥覆盖严重

（3）附着框耳板变形，如图 2-1-27 所示。

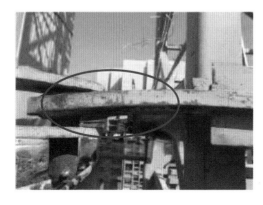

图 2-1-27　附着框耳板变形

第二章　安全装置检查和维保常见问题

塔机安全装置包括起重量限制器、起重力矩限制器、高度限位装置、幅度限位器、回转限位器等。为了保证塔机的安全运行，在日常使用中要确保安全装置的灵敏可靠与完好，如发现失灵或损坏应及时维修更换，不得私自解除或任意调节。

一、安全装置检查和维保要点

1. 起重量限制器的检查和维保

检查起重量限制器连接销轴固定可靠，功能有效，起重量限制器滑轮转动灵活、无破损，防跳槽装置齐全有效。

2. 起重力矩限制器的检查和维保

检查起重力矩限制器开关动作准确、灵敏可靠。定码变幅的触点和控制定幅变码的触点应分别设置。力矩限制器触杆与开关触点位置应对准，触杆锁定无松动，开关固定可靠，接线正常，弓形板无明显变形。

3. 多功能限位器的检查和维保

（1）小车变幅的塔机，吊钩装置顶部升至小车架下端的最小距离为 800mm 处时，起升高度限位器应能立即停止起升运动，但应有下降运动。

（2）小车变幅的塔机，小车行程限位开关和终端缓冲装置固定可靠。幅度限位器限位开关动作后应保证小车停车时其端部距缓冲装置最小距离为 200mm。

（3）回转限位器安装可靠、功能有效，调整回转限位开关动作时臂架旋转角度应不大于 ±540°。

4. 确认塔顶处安装风速仪、障碍灯并且功能有效

二、常见问题及隐患

（一）起重力矩限制器

（1）起重力矩限制器两弓板之间用异物阻隔且调节触点缺失，如图 2-2-1 所示。

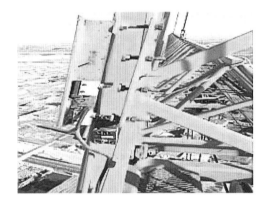

图 2-2-1　调节触点缺失

（2）起重力矩限制器触点开关固定位置偏移，如图 2-2-2 所示。

图 2-2-2　触点开关固定位置偏移

（3）起重力矩限制器触杆单侧螺母未紧固到位，如图 2-2-3 所示。

图 2-2-3　触杆单侧螺母未紧固到位

（4）起重力矩限制器触点严重锈蚀，不能触发，如图 2-2-4 所示。

图 2-2-4　触点严重锈蚀

（5）起重力矩限制器调节螺栓固定螺母缺失，如图 2-2-5 所示。

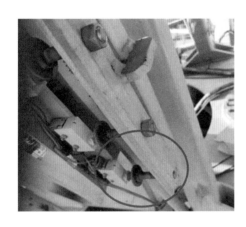

图 2-2-5　调节螺栓固定螺母缺失

（6）起重力矩限制器开关损坏失效，如图 2-2-6 所示。

图 2-2-6　开关损坏失效

（二）起重量限制器

起重量限制器失效，如图 2-2-7 所示。

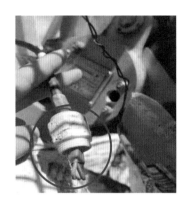

图 2-2-7　起重量限制器失效

（三）多功能限位器

（1）起升高度限位器失效，吊钩冲顶，如图 2-2-8 所示。

图 2-2-8　吊钩冲顶

（2）起升高度限位器锈蚀严重，连接断开，如图 2-2-9 所示。

图 2-2-9　起升高度限位器锈蚀严重，
连接断开

（a）　　　　　　　　　　　（b）

（3）幅度限位器的小车变幅向内行程开关不起作用，如图 2-2-10 所示。

（a）　　　　　　　　　　　　　　（b）

图 2-2-10　开关不起作用

（4）回转限位失效，造成主电缆缠绕变形及损坏，如图 2-2-11 所示。

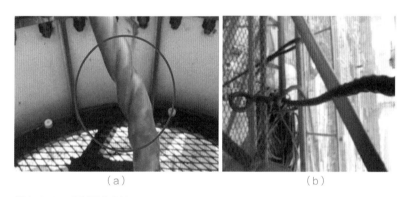

（a）　　　　　　　　　　　　　　（b）

图 2-2-11　回转限位失效

（四）风速仪及障碍灯

（1）风速仪缺失，如图 2-2-12 所示。

图 2-2-12　风速仪缺失

（2）风速仪没有设置在最高部位且不挡风处，如图2-2-13所示。

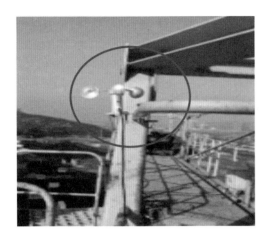

图2-2-13　风速仪没有设置在最高部位

（3）风速仪失效，如图2-2-14所示。

图2-2-14　风速仪失效

（4）障碍灯缺失，如图2-2-15所示。

（a）　　　　　　　（b）　　　　　　　（c）　　　　　　　（d）

图2-2-15　障碍灯缺失

第三章　机构检查和维保常见问题

　　塔机的工作机构包括：起升机构、回转机构、变幅机构、顶升机构，各机构的安全有效直接关系到塔机的生命周期、工作效率和安全生产，应有专业维护人员定期对各机构进行检查和维护保养。

一、机构检查和维保要点

1. 起升机构的检查和维保

　　起升机构应连接可靠，符合使用说明书要求。减速器工作时应无异响，起升高度限位器有效，旋转零部件防护罩齐全可靠。

2. 回转机构的检查和维保

　　回转机构应连接螺栓无松动，回转齿圈与齿轮啮合正常，对回转齿圈、减速器及齿轮须进行润滑保养。

3. 变幅机构的检查和维保

　　各连接紧固件应完整、齐全，无松动。小车变幅塔机的小车行程限位开关动作应准确，终端缓冲装置应可靠；变幅限位器灵敏应可靠；减速器须无渗漏，工作时运行平稳，无异响；制动器须制动可靠，动作平稳。

4. 顶升机构的检查和维保

　　平衡阀或液压锁与液压缸之间不得用软管连接；检查液压顶升系统，更换已出现渗漏及老化的元器件；检查液压油管，对外露活塞杆进行防锈防护；液压油表应在标定的有效期内使用；活动爬爪转动灵活、无卡阻，能够正确搁置到标准节的踏步上端面；缸体连接销轴应转动灵活、无卡阻，销轴端部固定应完好可靠。

二、常见问题及隐患

（一）起升机构

（1）起升机构铭牌不清晰，如图2-3-1所示。

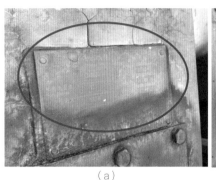

（a）　　　　　　　　　　　　　（b）

图2-3-1　起升机构铭牌不清晰

（2）制动衬垫过度磨损，如图2-3-2所示。

图2-3-2　制动衬垫过度磨损

（3）制动衬垫固定螺栓缺失，如图2-3-3所示。

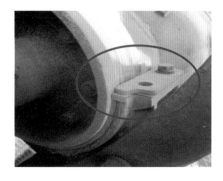

图2-3-3　制动衬垫固定螺栓缺失

（4）起升制动器出现裂纹，如图2-3-4所示。

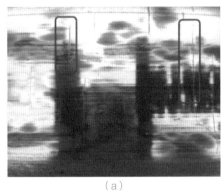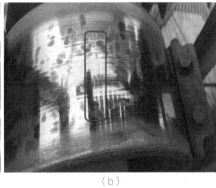

（a） （b）

图2-3-4 起升制动器出现裂纹

（5）制动器罩缺失，如图2-3-5所示。

图2-3-5 制动器罩缺失

（6）起升机构减速器漏油，如图2-3-6所示。

图2-3-6 起升机构减速器漏油

（二）回转机构

（1）回转齿圈缺少润滑保养，如图 2-3-7 所示。

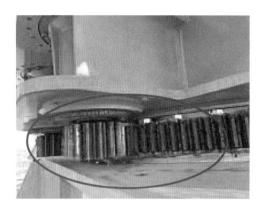

图 2-3-7　回转齿圈缺少润滑保养

（2）回转机构减速箱连接固定螺栓松动，如图 2-3-8 所示。

图 2-3-8　连接固定螺栓松动

（3）回转减速机漏油，如图 2-3-9 所示。

图 2-3-9　回转减速机漏油

（4）回转电机外壳局部缺失，如图 2-3-10 所示。

图 2-3-10　回转电机外壳局部缺失

（三）变幅机构

（1）滑轮损坏，如图 2-3-11 所示。

图 2-3-11　滑轮损坏

（2）变幅小车行走轮轴承损坏，如图 2-3-12 所示。

图 2-3-12　变幅小车行走轮轴承损坏

（3）变幅小车偏移，使断轴保护装置与下弦重合的有效距离过短，如图 2-3-13 所示。

图 2-3-13　变幅小车偏移

（4）小车缓冲胶损坏，如图 2-3-14 所示。

图 2-3-14　小车缓冲胶损坏

（a）　　　　　　　　　　　（b）

（5）变幅小车刮擦起重臂斜腹杆，如图 2-3-15 所示。

图 2-3-15　变幅小车刮擦起重臂斜腹杆

（四）顶升机构

（1）顶升泵站压力表失效，如图 2-3-16 所示。

图 2- 3-16　顶升泵站压力表失效

（2）顶升液压活塞杆锈蚀严重，如图 2-3-17 所示。

图 2-3-17　顶升液压活塞杆锈蚀严重

（3）顶升油缸油管锈蚀严重，如图 2-3-18 所示。

图 2-3-18　顶升油缸油管锈蚀严重

第四章　电控系统检查和维保常见问题

电控系统若长期处于隐患状态，容易造成元器件损坏、塔机功能失效，严重时会引发触电、火灾、溜钩甚至倒塌等安全事故。因此电控系统应经常检查和定期维保，以排除故障，消除安全隐患，保证塔机的正常运行。

一、电控系统检查和维保要点

1. 专用开关箱、电缆的检查和维保

（1）塔机设置专用的开关箱，严禁用同一个开关箱直接控制 2 台及 2 台以上用电设备（含插座）；专用开关箱内应装设隔离开关、断路器或熔断器，以及漏电保护器，且动作正常、可靠。

（2）对电缆进行有效固定，老化破损地方及时采取防护措施，接长时采用接线盒。

2. 电气系统的检查和维保

（1）电气柜（配电箱）应有门锁，门内应有原理图或布线图、操作指示等，门外应设有有电危险的警示标志。

（2）电气柜中电气元件有效、固定可靠，导线敷设整齐，错相及断相保护装置有效、可靠。

（3）控制回路电源应取自隔离变压器。

（4）检查所有电气设备的金属外壳、导线的金属保护管、安全照明的变压器低压侧等均应可靠接地，确保接地电阻应不大于 4Ω。

3. 司机室的检查和维保

（1）司机室整体结构及门窗、门锁完好，无严重锈蚀，各连接部位牢靠，室内应配备合格有效的灭火器及安全带，确保通风、防雨和良好的照明且地板应铺设绝缘层。

（2）司机室内应设有耐用且清晰的数据铭牌。

（3）联动操纵台具有零位自锁和自动复位功能，所有操纵装置应标有操作指示。

（4）警铃信号有效，起重力矩和起重量报警装置灵敏可靠。

二、常见问题及隐患

（一）供电电缆

（1）电缆破损，有触电风险，如图 2-4-1 所示。

图 2-4-1　电缆破损

（2）电缆悬挂不规范，用铁丝绑扎，无绝缘措施，如图 2-4-2 所示。

图 2-4-2　电缆悬挂不规范

（3）电缆老化破损，如图 2-4-3 所示。

图 2-4-3　电缆老化破损

（二）电气线路

（1）电气柜保护接零线（PE 线）断开，保护接零失效，如图 2-4-4 所示。

（a）　　　　　　　　　　　　　（b）

图 2-4-4　电气柜保护接零线（PE 线）断开

（2）电气柜内电气元器件未进行可靠接地，如图 2-4-5 所示。

图 2-4-5　电气元器件未进行可靠接地

（3）电气柜、门跨接线损坏，如图 2-4-6 所示。

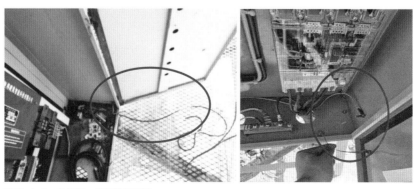

图 2-4-6　电气柜、门跨接线损坏

（4）供电电路地线脱落，易引起触电风险，如图 2-4-7 所示。

图 2-4-7　供电电路地线脱落

（5）电气柜内电气元件有老化现象，电气连接点有被腐蚀现象，如图 2-4-8 所示。

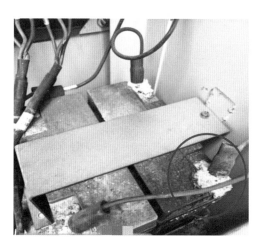

图 2-4-8　电气元件有老化现象

（6）控制柜电缆混乱、部分电缆裸露，如图 2-4-9 所示。

图 2-4-9　控制柜电缆混乱

（7）专用开关箱设置不规范，一闸多机，如图 2-4-10 所示。

（a）　　　　　　　　　　　（b）

图 2-4-10　专用开关箱设置不规范

（8）塔机未设置专用电箱，如图 2-4-11 所示。

（a）　　　　　　　　　　　（b）

图 2-4-11　塔机未设置专用电箱

（三）司机室

（1）操作台防尘套缺失，零位保护失效，如图 2-4-12 所示。

图 2-4-12　操作台防尘套缺失

（2）司机室无常用数据铭牌，如图 2-4-13 所示。

图 2-4-13　司机室无常用数据铭牌

（3）灭火器失效，如图 2-4-14 所示。

图 2-4-14　灭火器失效

（4）司机视线被遮挡，如图 2-4-15 所示。

（a）　　　　　　　　　　　　　　　　（b）

图 2-4-15　司机视线被遮挡

第五章　绳轮系统检查和维保常见问题

绳轮系统包括吊钩、钢丝绳、卷筒、滑轮/滚轮等部件，做好相应部件的日常检查和定期维保工作，不但能延长塔机使用寿命，还能提高工作效率，预防安全事故。

一、绳轮系统检查和维保要点

1. 吊钩、滑轮组的检查和维保

（1）吊钩芯轴固定可靠；钩身转动灵活无卡滞，表面无裂纹、补焊等缺陷；钩尾平面轴承无损坏；吊钩防脱装置可靠有效。

（2）滑轮组润滑良好，滑轮无破损，钢丝绳防脱装置有效。

2. 起升卷筒钢丝绳的检查和维保

（1）在卷筒上应排列有序。

（2）钢丝绳在放出最大工作长度后，卷筒上的钢丝绳至少应保留3圈。

（3）钢丝绳应润滑良好，不应与金属结构摩擦，不得编织接长使用。

3. 变幅机构绳、轮的检查和维保

（1）钢丝绳排列整齐、润滑良好，穿绳方向正确，卷筒、滑轮钢丝绳防脱装置有效。

（2）小车断绳、断轴保护装置应固定可靠，双向有效，小车维修挂篮应无明显变形、缺损。

（3）变幅小车轮、水平导向轮完好，固定可靠。水平导向轮与起重臂的间隙均匀符合要求，小车架与起重臂间无干涉。

二、常见问题及隐患

（一）钢丝绳

（1）钢丝绳聚集断丝、散股、笼状畸变，如图 2-5-1 所示。

| （a） | （b） | （c） | （d） |

图 2-5-1　钢丝绳聚集断丝、散股、笼状畸变

（2）起升钢丝绳波浪变形，如图 2-5-2 所示。

| （a） | （b） |

图 2-5-2　起升钢丝绳波浪变形

（3）起升钢丝绳排列不整齐，如图 2-5-3 所示。

图 2-5-3　起升钢丝绳排列不整齐

（a）　　　　　　　　　　　　　　（b）

（4）起升钢丝绳绳股挤出，如图 2-5-4 所示。

图 2-5-4　起升钢丝绳绳股挤出

（二）钢丝绳配套装置

（1）钢丝绳托辊卡滞磨损严重，如图 2-5-5 所示。

图 2-5-5　钢丝绳托辊卡滞磨损严重

（2）钢丝绳绳卡安装螺母缺失，如图2-5-6所示。

图2-5-6　绳卡安装螺母缺失

（3）钢丝绳未设置鸡心环，钢丝绳漏芯变形，如图2-5-7所示。

图2-5-7　钢丝绳未设置鸡心环

（4）变幅钢丝绳在卷筒上跳槽，如图2-5-8所示。

图2-5-8　变幅钢丝绳在卷筒上跳槽

（5）小车断绳保护装置被绑定，导致失效，如图 2-5-9 所示。

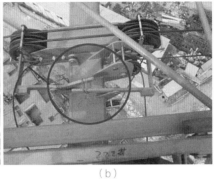

（a）　　　　　　　　　　　　　　　　　（b）

图 2-5-9　小车断绳保护装置被绑定

（6）小车断绳保护装置缺失，如图 2-5-10 所示。

图 2-5-10　小车断绳保护装置缺失

（7）起升钢丝绳跳槽，如图 2-5-11 所示。

图 2-5-11　起升钢丝绳跳槽

（8）起升钢丝绳锈蚀严重，如图 2-5-12 所示。

图 2-5-12　起升钢丝绳锈蚀严重

（9）塔帽滑轮破损，如图 2-5-13 所示。

图 2-5-13　塔帽滑轮破损

（10）吊钩钢丝绳防脱装置固定销轴开口销损坏，如图 2-5-14 所示。

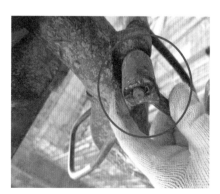

图 2-5-14　开口销损坏

（11）吊钩严重磨损，如图 2-5-15 所示。

图 2-5-15　吊钩严重磨损

（12）吊钩钢丝绳防脱装置失效，如图 2-5-16 所示。

图 2-5-16　防脱装置失效

第三篇

人员安全管理

Tower crane

塔机除在安拆、顶升加节过程中存在安全隐患外，在日常作业中也存在很多安全隐患。据统计资料表明，塔机在日常作业中存在的常见问题及隐患大多数是由于使用和管理方面的违规、违章造成的。主要体现在操作和指挥人员无证上岗；操作和指挥人员违章操作，违章指挥；操作人员对设备日常检查、保养不到位；对操作和指挥人员教育培训不够。

第一章 现场管理人员

根据《建筑起重机械安全监督管理规定》（建设部令第 166 号）及《建筑施工塔式起重机安装、使用、拆卸安全技术规程》JGJ 196—2010 现场管理人员遵循以下管理规定：

（1）《建筑施工塔式起重机安装、使用、拆卸安全技术规程》JGJ 196—2010 第 2.0.3 条塔式起重机安装、拆卸作业应配备下列人员：持有安全生产考核合格证书的项目负责人和安全负责人、机械管理人员。

（2）《建筑起重机械安全监督管理规定》（建设部令第 166 号）第十三条 安装单位的专业技术人员、专职安全生产管理人员应当进行现场监督，技术负责人应当定期巡查。

（3）《建筑起重机械安全监督管理规定》（建设部令第 166 号）第十八条 使用单位应当履行下列安全职责：

1）设置相应的设备管理机构或者配备专职的设备管理人员。

2）指定专职设备管理人员、专职安全生产管理人员进行现场监督检查。

（4）《建筑施工企业安全生产管理机构设置及专职安全生产管理人员配备办法》（建质〔2008〕91 号）第十条 建筑施工企业应当在建设工程项目组建安全生产领导小组。建设工程实行施工总承包的，安全生产领导小组由总承包企业、专业承包企业和劳务分包企业项目经理、技术负责人和专职安全生产管理人员组成。

一、现场管理要点

施工单位、监理单位应当审核查验特种作业人员是否有有效的特种作业操作资格证书，对特种作业人员的资质严格把关，严禁无证上岗，做到人证合一。

（一）设备管理员

（1）设备管理员按管理规定参与安全技术交底。

（2）设备管理员旁站监督，示例如图 3-1-1 所示。

图 3-1-1　设备管理员旁站监督

（二）专职安全员

专职安全员按管理规定进行安全技术交底和现场旁站监督，如图 3-1-2、图 3-1-3 所示。

图 3-1-2　进行安全技术交底

图 3-1-3　现场旁站监督

（三）专业技术人员

（1）方案编制人员对项目管理人员进行专项施工方案交底。

（2）施工前，施工单位负责项目管理的技术人员应当对施工作业班组、作业人员作出有关安全施工的技术要求的详细说明，并由双方签字确认，如图3-1-4所示。

（3）安装单位的专业技术人员、专职安全生产管理人员应当进行现场监督。

图3-1-4　技术人员作出详细说明

二、常见不规范行为

（1）旁站管理人员脱岗玩手机，如图3-1-5所示。

图3-1-5　旁站管理人员脱岗玩手机

（2）管理人员未到场旁站，如图 3-1-6 所示。

图 3-1-6　管理人员未到场旁站

（3）管理人员安全意识淡薄，在坠落区域长时间逗留，如图 3-1-7 所示。

图 3-1-7　管理人员在坠落区域长时间逗留

（4）管理人员监管不到位，安全警戒线缺失或损坏未及时恢复。

（5）非现场工作人员进入塔机安拆作业警戒区域内，管理人员未及时制止。

（6）旁站人员自身防护不到位，未穿戴安全防护用品或穿戴不齐全。

（7）管理人员擅自离岗，代替特种作业人员作业。

第二章　现场作业人员

根据《建筑起重机械安全监督管理规定》（建设部令第 166 号）及《建筑施工塔式起重机安装、使用、拆卸安全技术规程》JGJ 196—2010 现场作业人员遵循以下管理规定：

（1）《建筑起重机械安全监督管理规定》（建设部令第 166 号）第二十一条、第二十二条，施工总承包单位、监理单位应当审核特种作业人员的特种作业操作资格证书。

（2）《建筑起重机械安全监督管理规定》（建设部令第 166 号）第二十五条，建筑起重机械安装拆卸工、起重信号工、起重司机、司索工等特种作业人员应当经建设主管部门考核合格，并取得特种作业操作资格证书后，方可上岗作业。

（3）《建筑施工塔式起重机安装、使用、拆卸安全技术规程》JGJ 196—2010 第 2.0.3 条，塔式起重机安装、拆卸作业应配备具有建筑施工特种作业操作资格证书的建筑起重机械安装拆卸工、起重司机、起重信号工、司索工等特种作业操作人员。

（4）《建筑施工塔式起重机安装、使用、拆卸安全技术规程》JGJ 196—2010 第 4.0.1 条，塔式起重机起重司机、起重信号工、司索工等操作人员应取得特种作业人员资格证书，严禁无证上岗。

一、现场管理要点

（1）完善各项规章制度，加强对建筑施工作业人员的安全教育，使其熟练掌握基本安全知识，增强安全防护意识和自我防护能力，坚决杜绝冒险蛮干和违章作业。

（2）塔机作业前，应对建筑起重机械安装拆卸工、塔式起重司机、起重信号工、司索工等作业人员进行班前教育、安全技术交底，如图 3-2-1 所示。

（a）　　　　　　　　　　　　　　　　　（b）

图 3-2-1　进行班前教育、安全技术交底

（3）现场作业人员须认真执行"十不吊""十不准"和"五禁止"原则。

1."十不吊"原则

（1）指挥信号不明或违章指挥不吊。

（2）超载或重量不明不吊。

（3）起重机超跨度不吊。

（4）工件捆绑不牢或捆扎后不稳不吊。

（5）吊物上面有人或吊钩直接挂在重物上不吊。

（6）钢丝绳严重磨损或出现断股及安全装置不灵不吊。

（7）工件埋在地下或冻住不吊。

（8）光线阴暗视线不清或遇六级以上强风大雨大雾等恶劣天气时不吊。

（9）棱角物件无防护措施、长 6 米以上或宽大物件无溜绳不吊。

（10）斜拉工件不吊。

2."十不准"原则

（1）不准在有载荷情况下调整起升、变幅机构的制动器。

（2）起重机工作时，不准进行检查维修。

（3）吊运重物时不准从人头顶通过，吊臂下严禁站人。

（4）重物不准在空中悬停时间过长。

（5）吊运重物时不准落臂，必须落臂时，应先把重物放在地上。

（6）吊臂仰角很大时，不准将被吊的重物骤然落下，防止起重机向另一侧翻倒。

（7）吊重物回转时，动作要平稳，不准突然制动。

（8）回转时，重物重量若接近额定起重量，重物距地面的高度不准太高。

（9）有主副两套起升机构的起重机，主副钩不准同时开动。

（10）遇有六级以上大风、大雾、雨雪天气不准使用。

3."五禁止"原则

（1）塔机在操作过程中，被吊物禁止超出施工现场范围。

（2）塔机司机和信号工禁止酒后作业。

（3）塔机司机和信号工禁止疲劳作业。

（4）信号工禁止站在楼上指挥楼下的吊装作业。

（5）现场使用的吊斗、大模板、钢筋笼等，吊耳开焊或使用螺纹钢筋焊成的吊耳，禁止吊用。

二、常见不规范行为

作业人员在日常操作中的违规、违章行为主要有七大类，分别是超载吊装、捆绑不规范、司机违规违章、信号司索工违规违章、碰撞、触电、高空坠落等。

（1）力矩限制器的保护功能被人为破坏失效，超载吊装，如图3-2-2所示。

图3-2-2　超载吊装

（2）当吊物上站人时不得起吊，如图 3-2-3 所示。

（a）　　　　　　　　　　　（b）

图 3-2-3　吊物上站人时不得起吊

（3）操作平台上杂物堆积，如图 3-2-4 所示。

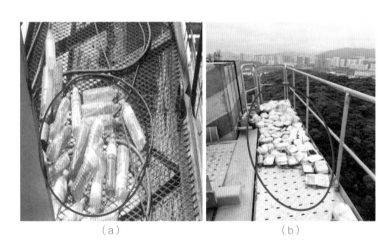

（a）　　　　　　　　　　　（b）

图 3-2-4　操作平台上杂物堆积

（4）司机室内堆放杂物过多，且与电线纠缠在一起，有火灾隐患，如图 3-2-5 所示。

图 3-2-5　司机室内堆放杂物过多

（5）司机室照明装置损坏，如图 3-2-6 所示。

图 3-2-6　司机室照明装置损坏

（6）司机室联动台操作手柄零位保护被破坏，如图 3-2-7 所示。

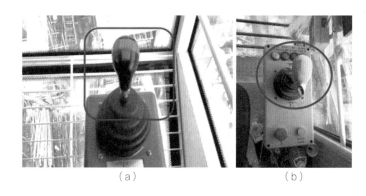

（a）　　　　　　　　　（b）

图 3-2-7　联动台操作手柄零位保护
被破坏

（7）司机作业不规范，开塔机时玩手机，如图 3-2-8 所示。

图 3-2-8　司机作业不规范

（8）现场一名塔机指挥人员无证作业，如图3-2-9所示。

图3-2-9　塔机指挥人员无证作业

（9）散料装物过满，如图3-2-10所示。

图3-2-10　散料装物过满

（10）现场捆绑不规范，未用料斗或吊笼吊运短物料，如图3-2-11所示。

（a）　　　　　　　　　　　　　　　　（b）

图3-2-11　现场捆绑不规范

（11）钢筋吊装捆绑不规范，如图 3-2-12 所示。

图 3-2-12　钢筋吊装捆绑不规范

（12）长、短料混吊，如图 3-2-13 所示。

图 3-2-13　长、短料混吊

（13）塔机安拆作业人员安全带使用不规范，未高挂低用，如图 3-2-14 所示。

图 3-2-14　安全带使用不规范

（14）塔机安拆人员位于危险区域，下方人员站在坠落区域，如图 3-2-15 所示。

图 3-2-15　塔机安拆人员位于危险区域

（15）未及时清理操作平台上的剩余材料，如图 3-2-16 所示。

图 3-2-16　未及时清理操作平台上的剩余材料

（16）在塔机上高空作业、行走时未穿戴安全带及安全帽，如图 3-2-17 所示。

图 3-2-17　未穿戴安全带及安全帽

第三章　事故案例分析

案例一　现场超载吊重的事故

1. 事故经过及原因分析

2010 年，某项目发生一起塔机倒塌事故，造成一人坠落死亡。该事故塔机从建筑物北侧起吊重 11.45t 的钢柱，起吊点离塔机中心线 28m，提升到离地约 11m 高，起重小车向外开到 40 多米时，过大的载荷导致塔机向南侧倒塌，事故现场如图 3-3-1 所示。

（a）　　　　　　　　　　　　　　　（b）

图 3-3-1　事故现场

经分析，该事故由以下原因造成：

（1）起重力矩限制器失效。现场力矩限制器调节螺栓的防松螺母已松开，限制力矩被调大，力矩限制器失去作用，对超载吊装不能进行有效限制。

（2）超载使用。钢柱起吊点距塔机回转中心 28m，钢柱重量为 11.45t，此处额定载重量为 9.77t，超载达 1.17 倍。当小车开至离回转中心 40m 处额定载重量仅为 6.44t，超载达 1.78 倍以上。

（3）违章指挥。现场塔机指挥在明知吊物钢柱重量，且不了解塔机起重性能参数的情况下，超载起吊，并错误指挥塔机小车向外运行，起重力矩载荷越来越大，导致塔机倒塌。

（4）违章操作。塔机司机在没有认真检查塔机的性能状况，特别是力矩限制器是否正常的情况下，违章超载起吊，导致事故发生。

2. 现场防范措施及建议

（1）要标定好重量限制器及力矩限制器，加强日常检查、维保，确保功能灵敏有效。

（2）对塔式起重机司机、建筑起重信号司索工要加强安全教育培训，认真执行"十不吊"。

案例二　现场捆绑不规范的事故

1. 事故经过及原因分析

2020 年，某项目工地发生一起安全事故，造成 1 人死亡、4 人轻伤。事发时，两位作业人员用尼龙吊带兜住龙骨型材后，采用钢丝绳穿过吊带耳朵并用螺纹扣锁住的方式捆绑，捆绑后交由建筑起重信号司索工指挥起吊。龙骨型材在起吊及随吊臂转动过程中因惯性从捆绑的吊装绳索中脱落溃散，从高处坠落造成地面人员伤亡。经分析，在吊运龙骨型材过程中，捆绑时未按照兜绳捆绑法、卡绳捆绑法等操作规程进行捆绑牢固，所以地面指挥的信号司索工指挥塔机司机起吊时，事故随即发生，事故现场如图 3-3-2 所示。

图 3-3-2　事故现场

2. 现场防范措施及建议

（1）加强安全意识与安全技能的培训，掌握正确的捆绑方法。

（2）信号司索工应检查吊物的稳定性、捆绑的可靠性、钢丝绳是否打扭变形、吊钩是否牢靠等，确定无误后发出起吊指令。

（3）吊物悬空后出现异常时，信号司索工要迅速判断、紧急通知危险部位人员迅速撤离，并发信号使吊物慢慢下落，排除险情后才可以再起吊。

（4）塔机起重臂覆盖到周边居民楼、交通要道或人员密集处时，建议加装变幅小车电子限位装置。

案例三　司机未按规范对塔机自检导致的事故

1. 事故经过及原因分析

2004 年，某工地一台塔机在运转过程中起升钢丝绳突然断裂，吊钩和所吊物品坠落地面，无人员伤亡。经分析，钢丝绳跳槽，长时间磨滑轮轴造成钢丝绳断股，引发事故，事故现场如图 3-3-3 所示。

图 3-3-3　事故现场

2. 现场防范措施及建议

（1）加强塔机司机技能培训，了解各类钢丝绳的报废标准。

（2）严格执行自检及交接班对钢丝绳及防脱槽装置的检查。

（3）加强对钢丝绳的润滑保养及防脱槽装置的紧固。

（4）检查变幅小车钢丝绳断绳保护器是否有效；检查各滑轮是否破损。

（5）司机严禁猛起猛落违章操作，避免造成防脱槽装置的变形，快速回转时防止吊物被挂或卡住。

案例四　信号司索工违章指挥导致的事故

1. 事故经过及原因分析

2022 年，某项目塔机准备起吊一捆钢筋，当塔机吊臂上的变幅小车未移到位，吊臂上的主吊绳与吊物之间为斜拉状态时，信号司索工继续指挥塔机起吊，吊物被斜吊吊离铁架后快速摆向信号司索工站立位置，撞到信号司索工腿部位置并将其往前推，导致其撞到停靠在路边的搅拌车后倒地身亡。经分析，塔机司机在无法观察到下方钢筋加工棚的情况下，是根据信号司索工的指令操作塔机进行吊运作业的。信号司索工安全意识不足、违章冒险作业，在歪拉斜吊的情形下继续指挥起吊，导致 1 人死亡。事发时塔机工作幅度未与吊点重合相差约 11.5m，事故现场如图 3-3-4 所示。

图 3-3-4　事故现场

2. 现场防范措施及建议

（1）加强信号司索工技能及技术安全培训工作，杜绝违章作业现象出现。

（2）加强对现场吊装作业操作是否规范的有效监管力度，发现违章违规行为应及时纠正，及时处理通报，杜绝习惯性违章违规作业现象，确保现场安全吊装。

（3）认真执行"十不吊"原则，严禁斜拉、斜挂。

案例五　未有效系挂安全带导致的高坠事故

1. 事故经过及原因分析

2021 年，某工程项目发生一起高空坠落事故，造成 1 名工人死亡。经分析，塔机降节拆卸时，作业人员在塔机附着平台上未全程有效系挂安全带，导致高空坠落。

2. 现场防范措施及建议

（1）作业前检查安全作业条件。

（2）高空作业时，应有牢靠的立足点并正确系挂安全带。

（3）作业时，严禁互相打闹，以免失足发生坠落危险。

案例六　安拆作业人员违章操作导致的爬升架下滑事故

1. 事故经过及原因分析

2021 年某项目工地塔机倒塌，造成 1 人死亡、2 人受伤。安拆作业人员在使用顶升油缸进行爬升架顶升微调作业时，未使用顶升横梁防脱插销，导致顶升横梁未能正确就位于标准节踏步上。另因油缸施力、侧向敲击振动等因素，导致顶升横梁从踏步滑出脱落、造成爬升架失去竖向支撑。当爬升架与回转下支座最后一个连接销轴取出、完全分离时，造成爬升架下滑、作业人员高坠事故。经分析，本次塔机作业过程中安装单位编制的专项施工方案针对性不强，未明确"进行顶升作业时需使用顶升横梁防脱销"的规定，缺少关键风险源控制的要求；班前教育、安全技术交底不到位，塔机安拆人员安全意识薄弱，现场安全管理不到位，未及时发现并制止安装塔机施工中作业人员的违章行为。

2. 现场防范措施及建议

（1）安拆作业前，安拆专业分包单位技术负责人或方案编制人应对现场管理人员进行有针对性的方案交底，现场管理人员应对现场作业人员进行安全技术交底，明确此次拆除作业的流程、重点和难点。

（2）作业人员严格按照专项施工方案执行，严禁违规操作，正确使用安全防护用品。

（3）现场管理人员尽职履责。

案例七 塔机司机操作失误导致吊钩冲顶的事故

1. 事故经过及原因分析

2021 年，某项目塔机司机操作失误，在应减速范围内未进行减速处理，致使吊钩冲顶撞向滑轮，导致钢丝绳断裂同时吊钩与料斗直接掉落到 12 层屋面，导致 1 人死亡。经分析，塔机司机操作失误，在应减速范围内未进行减速处理，致使吊钩冲顶撞向滑轮，导致钢丝绳断裂。

2. 现场防范措施及建议

（1）加强对塔机司机专业技能的培训教育，严格按照塔机操作规程操作塔机。

（2）特种作业人员须持证上岗，加强安全教育培训，强化安全意识。

（3）加强起重设备安全装置日常检查和维保，确保灵敏可靠。

第四篇

作业环境安全管理

Tower crane

在塔机专项安全施工方案中，应考虑塔机与周边构建物、高压线的影响以及塔机安拆的作业条件。安拆作业前，检查现场作业环境是否满足作业条件；使用中，考虑塔机与汽车吊、桩机、混凝土泵车等高空作业设备之间的垂直交叉作业、群塔作业及自然灾害等因素；作业中及时发现和消除因作业环境产生的安全隐患。

第一章　交叉作业

交叉作业中常见的是群塔作业和塔机与其他高空作业设备之间的交叉作业。在实际施工中，群塔作业应严格遵守群塔施工协调原则，塔机与其他高空作业设备交叉作业时，应有足够的安全距离，才能有效预防事故的发生，保障施工的顺利进行。

一、群塔作业

（一）安全要求

（1）群塔防碰撞专项方案编制时，施工单位编制、审批，并经由监理单位审核（涉及同一场地内平行施工或相邻施工存在交叉作业时，须要求建设单位组织协调）。

（2）对项目部相邻项目（非同一建设单位）塔机作业时可能发生的干涉，由双方的建设单位协调、监理单位见证、使用单位应签署《塔机防碰撞安全管理协议》，协议明确双方各自的安全管理责任、联系人及联系方式，做好塔式起重机司机和建筑起重信号司索工群塔作业安全技术交底。

（3）起重臂回转半径重叠的塔机之间的安全距离应符合下列要求：

①高位塔机升至最高点的吊钩和／或平衡重的最低部位与低位塔机水平运动投影重叠区域的最高部位之间的垂直距离不应小于 2m。

②低位塔机起重臂最外端与相邻塔机塔身（或爬升架等部件）之间的水平距离不应小于 2m。

③动臂变幅塔机采用改变非工作状态起重臂安全停放角度实现安全距离时，安拆负责人应采取由专业工程师书面确认的非吊钩挂载方式的防止起重臂后翻的附加措施。

（4）不得为保证安全距离，而使塔机独立高度或自由端高度大于使用说明书的允许高度。

（5）多塔作业时，建议安装有效的防碰撞监控系统。

（6）塔机运行中，当条件同时存在时必须坚持"五让"原则进行操作。

①低塔让高塔。

②后塔让先塔。

③轻塔让重塔。

④动塔让静塔。

⑤客塔让主塔。

（二）常见问题及隐患

（1）高低塔机起重臂安全距离不足，不符合要求，如图4-1-1所示。

图4-1-1　高低塔机起重臂安全距离不足

（2）低位塔机起重臂与高位塔机塔身之间的水平距离不符合要求，如图4-1-2所示。

图4-1-2　水平距离不符合要求

（a）　　　　　　　　　　　（b）

（3）起重臂端部最高点与另一台塔机平衡重最低位置高度不符合要求，如图 4-1-3 所示。

图 4-1-3　高度不符合要求

（4）高位塔机起重臂与低位塔机起重臂拉杆之间安全距离不符合要求，如图 4-1-4 所示。

图 4-1-4　安全距离不符合要求

二、塔机与其他高空作业设备交叉作业

（一）安全要求

（1）塔机与汽车起重机、桩机、混凝土泵车等高空作业设备不应存在垂直交叉作业。

（2）塔机作业范围内有汽车起重机、桩机、混凝土泵车作业时，应向塔机司机和建筑起重信号司索工做好安全技术交底，必要时暂停该塔机作业。

（二）常见问题及隐患

塔机起重臂与汽车起重机起重臂交叉作业碰撞，如图 4-1-5 所示。

（a）

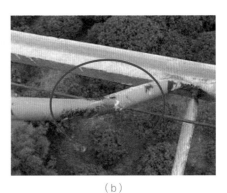

（b）

图 4-1-5　塔机起重臂与汽车起重机起重臂交叉作业碰撞

第二章　塔机与周边构建物

与周边构建物安全距离不足是塔机运行中的常见问题，通常表现为塔机起重臂与周边构建物发生干涉、碰撞等安全事故。

一、安全要求

1. 塔身与洞口边缘或障碍物安全距离要求

《广东省建筑起重机械防御台风安全技术指引（试行）》4.1.7 第 7 款：为防止塔身在风力作用下产生弹性形变后与建筑结构发生干涉，保证合理的安全距离，塔身到洞口边缘或障碍物的距离 S 应满足公式：

$$S \geqslant \frac{1.34h}{100} \times K + a$$

式中：h—洞口边缘或障碍物到塔机基准面（爬升框架或附着框架）的垂直距离（mm）；

　　K—动载系数，$K=1.48$；

　　a—净距，$a=50mm$。

2. 塔机起重臂与周围建筑物及其外围施工设施安全距离

（1）塔机的尾部与周围建筑物及其外围施工设施之间的安全距离不小于 0.6m。

（2）《塔式起重机安全规程》GB 5144—2006 第 6.3.4 条规定，塔式起重机回转部分在非工作状态下应能自由旋转。

二、常见问题及隐患

（1）起重臂与相邻施工梯安全距离不足，如图4-2-1所示。

图4-2-1　起重臂与相邻施工梯安全距离不足

（2）起重臂与建筑物安全距离不足，如图4-2-2所示。

图4-2-2　起重臂与建筑物安全距离不足

（3）楼板洞口与塔身安全距离不足，如图4-2-3所示。

图4-2-3　楼板洞口与塔身安全距离不足

第三章　塔机与高压线

  塔机在运行中与高压线碰撞会引起触电火灾事故。因此，在施工前必须全面了解施工现场高压线的布局与位置，考虑塔机的工作范围及高度是否与高压线相交，同时，在高压线周围应做好安全防护措施并设立明显的警示标志。

一、安全要求

  （1）《施工现场临时用电安全技术规范》JGJ 46—2005 中 4.1.4 规定："起重机严禁越过无防护设施的外电架空线路作业。在外电架空线路附近吊装时，起重机的任何部位或被吊物边缘在最大偏斜时与架空线路边线的最小安全距离应符合表 4-3-1 规定"。

起重机与架空线路边线的最小安全距离　　　　　　　　表 4-3-1

电压（kV）	<1	10	35	110	220	330	500
沿垂直方向（m）	1.5	3.0	4.0	5.0	6.0	7.0	8.5
沿水平方向（m）	1.5	2.0	3.5	4.0	6.0	7.0	8.5

  （2）因条件限制不能保证安全距离的，应采取有效的安全防护措施，并选醒目的警告标志。

  （3）架设防护设施时，必须经有关部门批准，采用线路暂时停电或其他可靠的安全技术措施，并应有电气工程技术人员和专职安全人员监护。

  （4）防护设施与外电线路之间的最小安全距离不应小于表 4-3-2 所列的数值。

防护设施与外电线路之间的最小安全距离　　　　　　　表 4-3-2

外电线路电压等级（kV）	≤ 10	35	110	220	330	500
最小安全距离（m）	1.7	2.0	2.5	4.0	5.0	6.0

（5）防护设施应坚固、稳定，且对外电线路的隔离防护应达到 IP30 级。

二、常见问题及隐患

（1）塔机工作覆盖架空线路，如图 4-3-1 所示。

（a）　　　　　　　　　　　　（b）　　　　　　　　　　　　（c）

图 4-3-1　塔机工作覆盖架空线路

（2）塔机与变压器之间距离不足，如图 4-3-2 所示。

（a）　　　　　　　　　（b）

图 4-3-2　塔机与变压器之间距离不足

第四章　其他作业环境安全要求

　　塔机在安装作业和使用中的安全，除与塔机设备本身的质量、维护保养及作业人员的规范操作有关之外，还会受到其他作业环境如风速、现场用电、安全警戒范围等的影响。

一、作业现场风速要求

　　（1）塔机应按规定装设风速仪，风速仪应设置在最高部位且不挡风处，如图 4-4-1 所示。风速仪应能对塔机安装、运行、拆卸作业过程中的风速进行监控，当风速达到设定值时，应能发出停止作业的警报。

　　（2）塔机安拆作业时，当塔机的最大安装高度处的 3s 时距时，风速不应大于 12m/s，遇到大风、大雾、大雨、大雪、雷电等恶劣天气时，不应安拆塔机，具体要求按塔机制造商说明书的规定。

图 4-4-1　风速仪

二、作业现场用电要求

　　塔机在工地安装、顶升、降节、拆卸时，确保塔机供电正常。

三、作业现场安全警戒区域要求

（1）使用单位应当在塔机作业范围设置明显的安全警示标志；应当根据不同施工阶段的作业环境以及季节、气候的变化，采取相应的安全防护措施确保起重设备安全运行。部分安全警示标志，如图4-4-2所示。

图4-4-2 部分安全警示标志

（2）在作业区域拉设警戒线，并由专人进行旁站监督，严禁非作业人员进入，并在显眼处摆设起重设备安装（拆除）作业公示牌，如图4-4-3所示。

图4-4-3 摆设起重设备安装（拆除）作业公示牌

第五章　台风对塔机安全的影响

随着气候变化，台风这种自然灾害越来越频繁，台风对于建筑工地上塔机的安全威胁也越来越严重。因此，在台风来临前应做好防台风安全措施，降低台风给塔机带来的经济损失，台风过后应及时对塔机进行检查与维护，避免在塔机后续使用中造成安全隐患。

一、塔机防台风安全要求

（1）台风防御期间，应严格按照塔机制造厂出具的专版使用说明书或专项技术文件的规定执行，如图 4-5-1 所示。

（a）　　　　　　　　　　　　　　　（b）

图 4-5-1　塔机防台风安全要求

（2）台风防御期间，应增加特级防御区内的塔机检查与维修的频次。台风来临前应进行至少一次检查与维护，检查连接部位状况，对平台、通道上的不相关物品应清除或有效固定，并按规定填写检查与维护记录。

（3）台风预警信号生效时，应对塔机采取下列安全措施：

①解除吊钩上的吊索具，吊钩升至最高限位处，小车回收至使用说明书规定的位置。

②回转机构制动装置采用常闭式的，应将制动装置打开，保证其能360°自由回转。

③动臂俯仰变幅塔机的起重臂停放在专版使用说明书或者专项技术文件规定的仰角范围。

④轨道行走式塔机的夹轨器应与轨道夹紧，并根据现场情况及需要补充采用插销式地锚等抗风防滑措施。

（4）遭受台风侵袭的塔机，应当由施工单位组织出租单位和安装单位进行台风后的检查与维护。

（5）建立台风地区塔机的应急救援机制，包括：台风前塔机的处置措施、台风过程中的避险措施、台风后的应急救援抢险机制。

二、台风造成的常见事故

每年超强台风对塔机的破坏力度非常大，例如：2016年厦门"莫兰蒂"台风造成塔机倒塌79台，非倒塌性（指设备明显变形或局部损坏）受损30台[1]；2017年珠海受台风"天鸽""帕卡"影响共138台塔机倒塌或变形受损[2]。经调查分析，塔机倒塌的主要原因是附墙点承载力不够，附着不规范，自由悬高超标，结构件非原厂制造，安装不规范等。以下为因台风造成的一些常见事故。

1　《建筑机械化》2017年第1期《2016年厦门"莫兰蒂"台风塔式起重机倒塌情况调查分析》
2　珠海特区报2017-09-24《珠海拆除危险变形塔吊64台，主城区塔吊险情全部解除》

（1）基础倾覆事故，如图 4-5-2 所示。

（a）　　　　　　　　　　（b）　　　　　　　　　　（c）

图 4-5-2　基础倾覆事故

（2）高强度螺栓断裂事故，如图 4-5-3 所示。

（a）　　　　　　　　　　（b）　　　　　　　　　　（c）

图 4-5-3　高强度螺栓断裂事故

（3）附着装置损坏事故，如图 4-5-4 所示。

（a）　　　　　　　　　　　　　　（b）

图 4-5-4　附着装置损坏事故

（4）附着装置以上悬臂超高事故，如图 4-5-5 所示。

（a）　　　　　　　　　　　（b）　　　　　　　　　　　（c）

图 4-5-5　附着装置以上悬臂超高事故

第六章 事故案例分析

案例一 碰撞高压线路的事故

1. 事故经过及原因分析

2019 年，某项目塔机触碰高压线路，造成停电事故。为确保第二天的高考保电，供电部门先行对受损线路进行修补。此次事故损失电量 4 万千瓦时，如图 4-6-1 所示。经分析，塔机指挥人员对现场情况未做安全评估，对施工环境不熟悉，未及时进行正确的指挥。

图 4-6-1 事故现场

2. 现场防范措施及建议

（1）编制高压线专项防护方案并实施。

（2）塔机司机及信号司索工必须按照"十不吊"原则进行作业。

（3）使用单位必须对塔机司机及信号司索工进行安全技术交底，在进行起重吊装作业时，应对塔机作业进行实时监控，发现安全隐患时应及时停止塔机作业。

（4）现场所有塔机司机必须服从信号司索工指挥，当信号司索工发出紧急停止作业信号时，必须立即停止塔机作业，并对现场情况进行确认，待无安全隐患时方可继续进行塔机作业。

案例二　触电的事故

1. 事故经过及原因分析

2018年，某项目新装的一台塔机（高度20m左右），在回转过程中，由于起重臂距220kV高压线安全距离不足发生碰撞，导致驾驶室起火，高压输电线全路短路跳闸。经分析，塔机定位错误，与高压线安全距离不符合相关标准规范要求。事故现场如图4-6-2所示。

（a）　　　　　　　　　　　　　　　（b）

图4-6-2　事故现场

2. 现场防范措施及建议

（1）塔机安装前定位应满足规范要求。

（2）编制高压线专项防护方案并实施。

（3）当塔机在强磁场区域作业时，应采取相应安全保护措施，避免对人员造成伤害。确认磁场不会对塔机控制系统造成影响后，方可进行作业。